普天之下・盡是好書

普天出版家族
Popular Press Family

凌雲文創
A-Plus Creative Company

The Art of War

孫子兵法

活用兵法智慧，才能為自己創造更多機會

完全使用手冊

The Art of War

Thick Black Theory is a philosophical treatise written by Li Zongwu, a disgruntled politician and scholar born at the end of Qing dynasty. It was published in China in 1911, the year of the Xinhai revolution, when the Qing dynasty was overthrown.

侵掠如火

《孫子兵法》強調：

「古之所謂善戰者，勝於易勝者也；故善戰者之勝也，無智名，無勇功。」

確實如此，善於作戰的人，總是能夠運用計謀，
抓住敵人的弱點發動攻勢，用不著大費周章就可輕而易舉取勝。
活在競爭激烈的現實社會，唯有靈活運用智慧，
才能為自己創造更多機會，想在各種戰場上克敵制勝，
《孫子兵法》絕對是你必須熟讀的人生智慧寶典。

聰明人必須根據不同的情勢，採取相應的對戰謀略，
不管伸縮、進退，都應該進行客觀的評估，如此才能獲得勝利。
千萬不要錯估形勢，讓自己一敗塗地。

Thick Black Theory is a philosophical treatise written by Li Zongwu, a disgruntled politician and scholar born at the end of Qing dynasty. It was published in China in 1911, the year of the Xinhai revolution, when the Qing dynasty was overthrown.

左逢源 編著

【出版序】

兵學聖典《孫子兵法》

兵學家們學習《孫子兵法》，得以步入軍事學的寶庫；軍事家們學習它，得以領悟制勝之術，政治家們學習它，得以點燃起智慧的聖光。

誕生於二五〇〇年前的不朽名著《孫子兵法》，是中國古代兵學的傑出代表。深邃閎廓的軍事哲理思想、體大思精的軍事理論體系，以及歷代雄傑賢俊對其研究的豐碩成果，對後世產生了極其深遠的影響，被尊爲「兵學聖典」、「百世兵家之師」。時至今日，《孫子兵法》的影響力早已跨越時空，超出國界，在全世界廣爲流傳，榮膺「世界古代第一兵書」的雅譽。

《孫子兵法》的問世，標誌著獨立的軍事理論著作從此誕生，比色諾芬（西元前四〇三年～西元前三五五年）的號稱古希臘第一部軍事理論專著《長征記》要早一百多年。至於古羅馬軍事理論家弗龍廷（約三五年～一〇三年）的《謀略例說》、韋格蒂烏斯（四世紀末）的《軍事簡述》，更是遠在其後。

《孫子兵法》不但成書時間早，而且在軍事理論十分成熟、完備，幾乎涉及了軍事科學的各個門類，以從戰略理論的高度論述戰爭問題而著稱，是一部涵蓋戰爭發展規律的傑作。書中充滿著對睿智聰穎的讚揚，飽含了對昏聵愚昧的鞭撻，顯露出對窮兵黷武的警告，貫穿著對軍事哲理的探索，充分展現了「一代兵聖」孫武的遠見卓識和創造天賦。

該書中許多名言、警句揭示了戰爭的藝術規律，有著極其豐富的思想內涵。歷史上許多軍事家、著名統帥、政治家和思想家都曾得益於這部曠世奇書。兵學家們學習《孫子兵法》，得以步入軍事學的寶庫；軍事家們學習它，得以領悟制勝之術，政治家們學習它，得以點燃起智慧的聖光。直到今天，《孫子兵法》的許多精髓依然閃耀著眞理的光芒。

《孫子兵法》作爲中國古代兵書的集大成之作，是對中國古代軍事智慧的高度總結，具有承先啓後的重大意義。此後兩千多年裡，凡兵學家研究軍事問題，軍事家指揮軍隊作戰，莫不以《孫子兵法》爲圭臬。

自《孫子兵法》誕生以後，兵學立刻成了一門「顯學」，與儒、道、法、墨諸家並駕齊驅。戰國時期，群雄割據，戰爭頻繁，談兵論戰的人很多，大都是從《孫子兵法》中尋找依據。

《韓非子．五蠹》說：「境內皆言兵，藏孫、吳之書者家有之。」

《呂氏春秋．上德》中也說：「闔閭之教，孫、吳之兵，不能當矣。」

「孫」即孫子，「吳」是吳起，兩人都是傑出的軍事理論家和將領，後來齊國的著名軍事家孫臏更是繼承和發展《孫子兵法》的典範。孫臏是孫子的四世孫，不但在實際指揮作戰中功勳卓著，成爲一代名將，而且在軍事理論上也有突出的建樹，著有《孫臏兵法》。

《孫臏兵法》和《孫子兵法》在體系和風格上一脈相承，互相輝映。由此可見，《孫子兵法》成書不久就已經廣爲人知。而且對《孫子兵法》的運用，已經超出軍事範圍，應用於政治、經濟等方面了。

中國歷代軍事著作中引用《孫子兵法》文句的兵書不可勝數，如戰國時期的《吳子》、《尉繚子》，漢代的《淮南子》、《潛夫論》，唐代的《李衛公問對》，宋代的《虎鈐經》，元代的《百戰奇法》，明代的《登壇必究》、《紀效新書》，清代的《曾胡治兵語錄》……等等。

軍事家直接援用《孫子兵法》指導戰爭的，更是不勝枚舉。秦朝末年，項梁曾以《孫子兵法》教過項羽，陳餘則引用「十則圍之，倍則戰之」的戰術。

漢代名將韓信自稱本身兵法出於孫子，並且運用「陷之死地而後生，置之亡地而後存」的理論指揮作戰。黥布曾認爲「諸侯戰其地爲散地」，語出《孫子兵法》。漢武帝也曾打算以《孫子兵法》教霍去病。東漢名將馮異、班超等人對孫子兵書也很精通。

三國時期，蜀相諸葛亮認爲：「戰非孫武之謀，無以出其計遠」。意思是說，孫子十三篇所講的謀略都是高瞻遠矚，從戰爭全局出發的。

魏武帝曹操也是一位雄才大略的軍事家，對歷代兵書深有研究。他對《孫子兵法》備極推崇，曾經讚譽道：「吾觀兵書戰策多矣，孫武所著深矣……審計重舉，明畫深圖，不可相誣！」

意思是說，他讀過許多軍事著作，其中《孫子兵法》最爲精深奧妙，書中詳審的計謀、愼戰的思想、明智的策略、深遠的考慮，都是不容誤解的。曹操不但在實踐中運用《孫子兵法》克敵制勝，而且十分重視對這部「曠世兵典」的整理研究，成爲中國歷史上第一個注釋《孫子兵法》的軍事家。

唐太宗深通兵法，跟名將李靖的軍略問對中，處處提到孫子，對「凡戰者，以正合，以奇勝」這個戰略思想尤其欣賞，並且推崇孫子「不戰而屈人之兵」的思想，是「至精至微，聰明睿智，神武不殺」的最高軍事原則。

宋代仁宗、神宗年間，因抵禦邊患的需要，朝廷設立了「武學」（軍校）以培養將才，編訂了以《孫子兵法》爲首的七部兵書（即《武經七書》）作爲必讀教材。從此，《孫子兵法》正式成爲官方軍事理論的經典，沿至明清而不衰。

宋代學者鄭厚曾認爲：「孫子十三篇，不惟武人之根本，文士亦當盡心焉。其詞約而縟，易而深，暢而可用，《論語》、《易》、《大》（《大學》）、《傳》

（《左傳》）之流，孟、荀、揚諸書皆不及也」，把《孫子兵法》推到高於儒家經典的地位。

明朝抗倭名將戚繼光對《孫子兵法》闡述的軍事思想也十分欽服，曾說道：「予承乏浙東，乃知孫武之法，綱領精微，爲莫加焉……猶禪家所謂上乘之教也。」

著名學者李贄對《孫子兵法》和孫武其人更是佩服得五體投地，認爲「孫子所以爲至聖至神，天下萬世無以復加者也」。

到了近代，《孫子兵法》的聲譽更隆、影響更大。孫文曾說：「就中國歷史來考究，二千多年的兵書，有十三篇（即《孫子兵法》），那十三篇兵書，便成立了中國的軍事哲學。」將這部兵書看作中國軍事理論的奠基之作。

現代許多軍事家不但在軍事著作中多次提到《孫子兵法》，而且巧妙運用於戰爭之中。可以這麼說，《孫子兵法》中的戰爭思想和運用，構成了現代軍事的重要來源。

活用兵法智慧，創造更多贏的機會

《孫子兵法》深獲各界人士推崇，在現代經濟生活中同樣大有用武之地，只要不斷深入研究和靈活運用，必將給我們帶來無窮之益。

《孫子兵法》最早傳入日本，其次傳入朝鮮，至於傳佈到西方，則是十八世紀以後的事。

西元八世紀《孫子兵法》傳入日本，不但構成了日本軍事思想的主體結構，而且對日本的歷史和精神產生了深遠影響。日本各界一向推崇《孫子兵法》，極其重視對這部不朽之作的研究，探討領域之廣，流派之多，著述之精，遠非其他國家所可比擬。

在日本，孫子被尊爲「兵家之祖」、「兵聖」、「東方兵學的鼻祖」、「偉大的戰略哲學家」，甚至跟孔子相提並論，認爲：「孔夫子者，儒聖也；孫夫子者，兵聖也……後世儒者不能外於孔夫子而他求，兵家不得背於孫夫子而別進矣。是以文武並立，而天地之道始全焉。可謂二聖之功，極大極盛矣！」

《孫子兵法》也被推崇爲「兵學聖典」、「韜略之神髓，武經之冠冕」、「萬古不易之名著」、「科學的戰爭理論書」……等等，認爲該書閎廓深遠、詭譎奧深、窮幽極渺，「舉凡國家經綸之要旨，勝敗之秘機，人事之成敗，盡在其中矣」，是「兵之要樞」，「居世界兵書之王位」。

《孫子兵法》在日本軍事界影響的全盛期是十六世紀，即日本歷史上的戰國時期。當時日本湧現出一批著名的軍事將領，如織田信長、豐臣秀吉、德川家康和武田信玄等。他們的共同特點是精通軍事經典，對《孫子兵法》的運用得心應手。武田信玄更號稱日本的「孫子」，酷愛《孫子兵法》中的名句「其疾如風，其徐如林，侵掠如火，不動如山」，把「風林火山」四字寫在軍旗上鼓舞士氣，號令三軍。

明治維新以後，日本軍界依然把《孫子》奉爲圭臬，認爲古代大師的學說仍可指導現代戰爭。如在二十世紀初的日俄戰爭中，日本聯合艦隊司令東鄉平八郎元帥和陸軍大將乃木希典都深諳《孫子兵法》。對馬海戰中，日軍全殲俄國遠征艦隊，其陣法正出自《孫子》，東鄉平八郎在論及獲勝原因時歸結爲運用了「以逸待勞，以飽待饑」的原則。

日軍偷襲珍珠港更是《孫子兵法》中「出其不意，攻其不備」的巧妙運用，是現代戰爭史上戰略突襲的典型。只不過，日軍既不「愼戰」又未「先知」，對美國的潛力估計不足，犯了根本性的錯誤，導致在太平洋戰爭中失敗。

日本的情報工作在世界上首屈一指，不僅在戰爭中發揮了巨大的效用，而且在各行各業中也產生了很大的影響。日本人的這種特點，追根溯源，與中國的《孫子兵法》有密切的關係。

著名的英國作家理查·迪肯在其所著《日諜秘史》一書中明確指出：「日本人搜集情報的靈感是受中國戰略家孫子的影響。」

除日本以外，《孫子兵法》在西方世界的流傳也很廣泛，並且極受推崇。

據說，拿破崙在戎馬倥傯的戰陣中，仍手不釋卷地翻閱《孫子兵法》。德國偉大的軍事學家、《戰爭論》的作者克勞塞維茨也受到這部中國古代兵典的影響。德國皇帝威廉二世在第一次世界大戰失敗後，讀到《孫子兵法·火攻篇》中關於「主不可因怒而興師，將不可以慍而致戰」的論述時，不禁歎息：「可惜二十多年前沒有看到這本書。」

第二次世界大戰以後，儘管導彈、核武等尖端武器進入軍事領域，生產力和科技的發展日新月異，戰爭條件也不斷變化更新，但國際上對《孫子兵法》的研究和應用熱潮絲毫未減，並且有了嶄新的進展。

前蘇聯的一位著名軍事理論家曾斷言：「認眞研究中國古代軍事理論家孫子的著作，無疑大有益處。」

英國名將蒙哥馬利元帥在訪華時曾對毛澤東說：「世界上所有的軍事學院都應把《孫子兵法》列爲必修課程。」

美軍新版《作戰綱要》更開宗明義地引用孫子「攻其無備，出其不意」這句名言作爲作戰的指導思想。

重視孫子的戰略思想，是二戰後西方政治家、軍事家和戰略家們研究和應用《孫子兵法》的新特點。在這個時期，軍事戰略和政治、經濟、外交以及社會等因素的結合日益緊密。尤其是在大規模殺傷性核武器出現後，即便是超級大國也不敢貿然發動大規模戰爭，所以必須建立全新的戰略體系。而《孫子兵法》的精華正好包含了豐富的戰略思想，爲這個時代提供了許多有益的啓示。

英國著名戰略家利德爾．哈特在《戰略論》中大量援引了孫子的語錄。他認爲：「最完美的戰略，就是那種不必經過激烈戰鬥而能達到目的的戰略，所謂不戰而屈人之兵，善之善者也」，「在導致人類自相殘殺、滅絕人性的核武器研製成功以後，更需要重新且完整地研讀《孫子》這本書」。

美國國防大學戰略研究所所長約翰．柯林斯稱讚孫子是古代第一個形成戰略思想的偉大人物。他在《大戰略》一書中指出：「對戰略的相互關係、應考慮的問題和所受的限制，至今仍沒人比他有更深刻的認識，他的大部分觀點在我們的當前環境中仍然具有重大的意義。」

美國著名的「智庫」史丹福研究所的戰略專家福斯特和日本京都產業大學三好

修教授根據《孫子兵法·謀攻篇》中的思想，提出了改善美蘇均勢的新戰略，並稱之為「孫子的核戰略」，對世界戰略的調整產生了很大的影響。

此外，不少西方政治家也都在各自的著作中運用孫子的理論，闡述對當今時代國際戰略的見解。

在現代戰爭和軍事行動中，《孫子兵法》同樣被廣泛運用。如在越南戰爭中，美軍司令威斯特摩蘭曾引用孫子「夫兵久而對國有利者，未之有也」的名言，力主結束這場曠日持久、陷美軍於泥潭的戰爭。

又如第三次印巴戰爭中，印度軍隊遵循孫子「軍有所不擊，城有所不攻，地有所不爭」的理論，繞過堅城，迂迴包抄，直指達卡，迅速擊潰巴基斯坦軍隊，取得了這場戰爭的勝利。《印度軍史》則援用《孫子兵法》的觀點總結南亞次大陸的戰爭經驗，這是絕無僅有的。

進入二十一世紀，世界各地的「孫子熱」日趨高漲。《孫子兵法》不但受到軍界和戰略家們的重視，而且深獲其他各界人士推崇。對《孫子兵法》的研究和運用，已經擴展到政治、外交、經濟、體育等領域，其中以在商戰和企業管理中的應用最引人注目。

日本的企業家們率先把《孫子兵法》運用於企業競爭和經營管理，取得了很大的成效，形成了「兵法經營管理學派」。

《孫子兵法》中的「五事」，也常常被概括爲企業經營的五大要素：「道」是經營目標，「天」是機會，「地」是市場，「將」是人才，「法」是企業規章和組織編制。「五事」並重、統籌管理、靈活經營，必然使得企業成爲激烈競爭中的常勝軍。

由此可見，《孫子兵法》在現代經濟生活中同樣大有用武之地，只要不斷深入研究和靈活運用，必將給我們帶來無窮之益。

【九變篇】

01. 軍爭為功，軍爭為害

02. 避其銳氣，擊其惰歸

03. 死地則戰

04. 臨機處置，相機而行

05. 權衡變通

【行軍篇】

01. 處軍原則

02.

兵非貴益多

03. 令之以文，齊之以武

04. 用兵八戒

01. 【地形篇】

地要六形論

02. 地形者，兵之助也

03. 真險「六敗」論

04.

料敵制勝，計險阨遠近

05.

覆軍殺將必以五危

【九變篇】

【原文】

孫子曰：凡用兵之法，將受命於君，合軍聚眾，圮地無舍，衢地交合，絕地無留，圍地則謀，死地則戰。塗有所不由，軍有所不擊，城有所不攻，地有所不爭，君命有所不受。

故將通於九變之地利者，知用兵矣；將不通於九變之利者，雖知地形，不能得地之利矣。治兵不知九變之術，雖知五利，不能得人之用矣。

是故智者之慮，必雜於利害。雜於利而務可信也，雜於害而患可解也。

是故屈諸侯者以害，役諸侯者以業，趨諸侯者以利。

故用兵之法，無恃其不來，恃吾有以待也；無恃其不攻，恃吾有所不可攻也。

故將有五危：必死，可殺也；必生，可虜也；忿速，可侮也；廉潔，可辱也；愛民，可煩也。

凡此五者，將之過也，用兵之災也。覆軍殺將，必以五危，不可察也。

【注釋】

九變：九，數之極，九變，多變之意。這裡指在軍事行動中針對外界的特殊情況，靈活運用一般原則，做到應變自如而不是墨守陳規。

圮地無舍：圮，爲毀壞、倒塌之意。圮地，指難於通行之地。舍，止，此處指宿營。圮地無舍即在難以通行的山林、險阻沼澤等地不可宿營。

衢地交合：衢，四通八達，衢地即四通八達之地。交合，指結交鄰國以爲後援。

絕地無留：絕地，難以生存之地。句意爲遇上絕地，不要停留。

圍地則謀：圍地，指進退困難、易被包圍之地。謀，即設定奇妙之計謀。在易於被圍之地，要設奇計擺脫困難。

死地：進則無路，退亦不能，非經死戰則難以生存之地。

塗有所不由：塗，即途，道路。由，從、通過。意思是，有的道路不要通過。

軍有所不擊：指有的軍隊不宜攻擊。

城有所不攻：有的城邑不應攻取它。

地有所不爭：有些地方可以不去爭奪。

君命有所不受：有時候，君主的命令也可以不接受。此句之前提，指上述「塗有所不由……」等四種情況。

故將通於九變之地利者，知用兵矣：將帥如果能通曉九種地形的利弊及處置，就懂得如何用兵作戰了。通，通曉、精通。

將不通於九變之利者，雖知地形，不能得地之利矣：將帥如果不通曉九變的利弊，即使瞭解地形，也不能從中獲得幫助。

九變之術：九變的具體手段和方法。

五利：指「塗有所不由」至「君命有所不受」等五事之利。

不能得人之用矣：指不能夠充分發揮軍隊的戰鬥力。

智者之慮：聰明的將帥思考問題。慮，思慮、思考。

必雜於利害：必然充分考慮和兼顧到有利與有害兩個方面。雜，混合、摻雜，這裡有兼顧之意。

雜於利而務可信也：務，任務、事務；信，同「伸」，伸張、舒展，這裡有完成之意。句意是，如果考慮到事物的有利的一面，則可完成戰鬥任務。

雜於害而患可解也：意謂在有利情況下考慮到不利的因素，禍患便可消除。解，化解、消除。

屈諸侯者以害：指用敵國厭惡的事情去危害它，使它屈服。屈，屈服、屈從，這裡作動詞用。諸侯，此處指敵國。

役諸侯者以業：指用危險的事情去煩擾敵國而使之疲於奔命，窮於應付。業，事，此處特指危險的事情。

趨諸侯者以利：趨，奔赴、奔走。句意指用小利引誘調動敵人，使之奔走無暇。另一說法是以利動敵，使之追隨歸附自己。

無恃其不來，恃吾有以待也：恃，倚仗、依賴、寄希望。意爲不要寄希望於敵人不來，而要倚靠自己做好充分的準備。

無恃其不攻，恃吾有所不可攻也：不要寄希望於敵人不來進攻，而要倚靠自己具備強大實力，使得敵人不敢來進攻。

必死，可殺也：必，堅持、固執之意。意思是堅持死拼，則有被殺的危險。

必生，可虜也：言將帥若一味貪生，則不免淪爲戰俘。

忿速，可侮也：忿、憤怒、忿滿。速、快捷、迅速，這裡指急躁、偏激。句言將帥如果爭躁易怒，遇敵輕進，就有中敵人輕侮之計的危險。

廉潔，可辱也：將帥如果過於潔身清廉，自矜名節，就有受辱的危險。

愛民，可煩也：將帥如果溺於愛民，不審度利害，不知從全局把握問題，就易爲敵所乘，有被動煩勞的危險。

覆軍殺將：使軍隊覆滅，將帥被殺。覆，覆滅、傾覆。

必以五危：必，一定、肯定。以，由、因的意思。五危，指上述所說「必死」、「必生」……等五事。意思是，「覆軍殺將」都是由這五種危險引起的，不可不充分注意。

【譯文】

孫子說：大凡用兵的法則是：將帥接受國君的命令，徵集民衆、組織軍隊，出征時在沼澤連綿的「圮地」上不可駐紮，在多國交界的「衢地」上應結交鄰國，在「絕地」上不要停留，遇上「圍地」要巧設奇謀，陷入「死地」要殊死戰鬥。有的道路不要去通行，有的敵軍不要攻打，有的城邑不要攻取，有的地方不要爭奪，國君有的命令不要執行。

將帥如果能夠精通各種機變的利弊，就是懂得用兵之道了。將帥如果不能精通各種機變的利弊，那麼即使瞭解地形，也不能夠得到地形之利。指揮軍隊而不知道各種機變的方法，那麼即便知道「五利」，也不能充分發揮軍隊的戰鬥力。

所以，聰明的將帥考慮問題，必須充分兼顧到利害的兩個方面。在不利的情況下要看到有利的條件，事情便可順利進行；在順利情況下要看到不利的因素，禍患就能預先排除。

要用各國諸侯最厭惡的事情去傷害它們，迫使它們屈服；要用各國諸侯感到危險的事情去煩擾它們，迫使它們聽從自己的驅使；要用小利去引誘各國諸侯，迫使它們被動奔走。

用兵的法則是，不要寄希望於敵人不來謀取，而要依靠自己做好了充分的準備；不要寄希望於敵人不來進攻，而要依靠自己擁有使敵人無法進攻的力量。

將帥有五種重大的險情：只知道死拼蠻幹，就可能被誘殺；只顧貪生活命，就可能被俘虜；急躁易怒，就可能中敵人輕侮之計；一味廉潔好名，就可能入敵人污辱的圈套；不分情況「愛民」，就可能導致煩勞而不得安寧。以上五點，是將帥的過錯，也是用兵的災難。使軍隊遭到覆滅，將帥被敵擒殺，都是由這五種危險引起的，不可不充分重視。

【第1章】

軍爭為功，軍爭為害

孫子強調「軍爭為利，軍爭為害」，指出「軍爭」過程中既有有利的一面，也有有害的一面。不知軍爭之害，就不知軍爭之利。搶奪先機時軍隊的行動必須迅速，往往會在後勤供應上出現問題，導致全軍陷於不利的境地。

曹操奇兵襲烏巢

烏巢的軍糧被曹操焚毀，袁軍軍心動搖。曹操抓住戰機，發起猛攻，袁軍折損七萬餘人，最後袁紹和兒子袁譚落荒而逃。

東漢末年，群雄逐鹿，經過幾次征伐之後，黃河南北地區逐漸形成了袁紹、曹操兩大集團對峙的局面。

袁紹兵多將廣，地域遼闊，佔有很大的優勢，曹操擔心袁紹攻伐，自己防不勝防，於是陳兵官渡（今河南中牟東北），阻扼袁紹率軍南下。

西元二〇〇年八月，袁紹率大軍接近官渡，東西連營幾十里。雙方相持了三個月，互有傷亡。

曹操的實力遠不如袁紹，時間一久，糧食供給發生了問題，信心動搖起來，想撤軍回許昌。

他給在許昌的謀士荀彧寫了封信，徵詢荀彧的意見。荀彧堅決反對曹操回師，在回信中寫道：「袁紹軍人數雖然衆多，但戰鬥力很差。我軍以其十分之一的兵力扼守官渡半年多，袁紹竟不能前進半步，這就是證明。現在袁紹的軍隊也已疲乏，正是出奇制勝的時候，萬萬不可錯過良機……」

荀彧的信堅定了曹操在官渡擊敗袁紹的信心。幾天後，曹軍捉獲袁軍的一個間諜，間諜供稱，袁軍將領韓猛押送糧車數千輛，即將運至官渡。曹操立即派徐晃、史渙二將前去堵截。

韓猛不敵，糧食全被徐晃、史渙劫走。

袁紹失去幾千車糧食，十分懊惱。再次運糧時，派大將淳于瓊率萬人護送，並將糧食屯積在距自己大營以北四十里的烏巢（河南延津東南）。

袁紹手下的謀士許攸是曹操的故友，親屬因爲觸犯軍法，被袁紹的親信審配關入監獄之中。許攸一氣之下離開袁紹，投奔曹操，並把袁紹的軍糧全集中在烏巢一事告知曹操。

曹操正在爲如何才能出奇制勝大傷腦筋，聽完許攸的話，頓時胸有成竹。他連夜採取行動，命令曹洪留守大營，親自率領五千名精兵，打著袁軍的旗號，騙過巡邏的袁軍，在破曉之前趕到烏巢。五千名精兵，人人帶著引火的柴草，衆人一齊動手縱火，烏巢頓時火光沖天，負責守護烏巢的淳于瓊還來不及上馬，就已成爲曹操的俘虜。

烏巢的軍糧被曹操焚毀，袁軍軍心動搖。袁紹又偏偏聽信郭圖的話，逼走了大將張郃，袁軍士氣愈發衰落。曹操抓住戰機，發起猛攻，袁軍折損七萬餘人，最後袁紹和兒子袁譚落荒而逃，逃回到河北時，僅剩下八百餘名騎兵。

李朔雪夜襲蔡州

在這場奇襲戰中，李朔制定利用險峻的地形、惡劣的天氣襲擊敵人的策略，最後，他的軍隊在雪夜攻下蔡州城，活捉了吳元濟。

唐朝經歷安史之亂後，國家開始從鼎盛走向衰弱，各地出現藩鎮割據的局面。各地節度使割據一方，獨攬軍政、財政大權，營造自己的獨立王國，並在實力雄厚之時抗拒朝廷。

藩鎮割據勢力的發展，進一步削弱了大唐王朝的統治。唐朝皇帝爲了維護統一的局面，恢復中央集權，便在國家財力比較豐厚和邊疆形勢逐漸緩和的情況下，開始致力於削平藩鎮割據。

西元八〇七年，唐憲宗順利地平定了西川、夏綏、鎮海三鎮的叛亂，開始討伐淮西、成德的割據勢力。李朔奇襲蔡州就是唐朝廷軍隊平定淮西節度使吳元濟割據勢力的戰例。

元和九年（八一四年），淮西節度使吳少陽病死，其子吳元濟襲承職位，拒絕唐朝弔祭使者，並且發兵在今河南舞陽、葉縣、魯山一帶四處燒殺擄掠。唐憲宗決定對他用兵，調集軍隊從四面進攻淮西，其中南、北方向的軍隊稍有進展，東、西路軍則被淮西軍擊敗。

西元八一五年至八一六年間，朝廷曾多次調整淮西的東、西路軍的統帥，最後由李朔擔負從西面進攻淮西的任務。

西元八一七年正月，李朔到達蔡州。當時，唐軍連敗，士氣低落，士兵都十分懼怕作戰。李朔上任後對士兵說：「天子知道我李朔柔懦，能忍受戰敗之恥，所以派我來安撫你們。至於攻城進取，那不是我的事。」

士卒們聽了李朔的這些話，才稍稍安下心來。

李朔針對官兵們的這種心理狀態，做了許多安定軍心的工作，親自慰問士卒，撫恤傷病者。在軍中，李朔也不講究長官威嚴，不強調軍政嚴整。這些行動一方面安撫了士兵，另一方面也向敵人佯示無所作爲。

他的行動果然麻痺了吳元濟，吳元濟不把這位沒有什麼名氣的唐軍將領看在眼裡，放鬆了戒備。

將士情緒稍稍穩定一些後，李朔開始著手修理器械，訓練軍隊，提高軍隊的戰鬥力。他制定並實行優待俘虜及降軍家屬的政策，先後俘獲了吳元濟手下的官員、將領，並且委以官職，透過他們逐漸摸清了淮西軍的險易虛實。

同年五月，李朔奪佔蔡州的一些周邊要點，切斷了蔡州與附近申州、光州的聯繫。不料，五月二十六日，李朔派兵攻打朗山，淮西軍隊前來救援，唐軍遭到內外夾擊而失利。

諸將都懊喪不已，但李朔並不氣餒，說道：「我如連戰皆勝，敵必戒備。此次敗北，正可麻痺敵軍，爲以後攻其不備奠定基礎。」

他在戰後招募了敢死隊士兵三千人，早晚親自訓練，增加軍隊的突擊力，爲襲擊蔡州做準備。

九月二十八日，李朔經過周密準備，出其不意地攻佔了關房（今河南遂平）外城，淮西軍千餘人被殲，其餘人退到內城堅守。

李朔命軍隊佯退誘敵，淮西軍以騎兵五百追擊官軍，官兵受驚欲退，李朔下令道：「敢後退者斬！」

於是，官軍又回軍力戰，擊退敵軍。

將士們要乘勝追擊攻取關防城，李朔不同意，認爲如不取此城，敵人必分兵守之，而敵人兵力分散，正好利於奪取蔡州，因此下令還營。

十月，李朔見襲擊蔡州的條件已經成熟，開始部署襲擊蔡州計劃。爲嚴守行動秘密，軍隊從文城柵出發之時，李朔不告訴他們行動的目的地，只下命令說：「往東前進！」

這一天天氣陰晦，風雪交加，軍隊東行六十里後，到達張柴村。李朔率軍迅速襲破了這個村子，全殲淮西軍佈置在這裡的守軍及通報緊急情況的烽火兵。李朔命令士兵稍事休息，吃點乾糧，留下五百人截斷橋樑，以防洄曲方面的淮西軍回救蔡州，另留五百人警戒朗山方向的救兵。

佈置完畢後，李朔親自帶領部隊乘夜冒雪繼續向東急進。將領們請示去哪裡，李朔告訴他們：「去蔡州城捉拿吳元濟！」

將士們聽了都大驚失色，以爲此去必死無疑。這夜天氣異常寒冷，大風夾送著大雪，旌旗被風撕裂，沿路可看見凍死的兵士和馬匹，軍隊所經的道路非常險峻，但因爲李朔宣佈了嚴格的軍紀，沒有人敢違抗。

軍隊繼續行進了七十里，趕到蔡州時，天還沒亮。近城處有個鵝鴨池，李朔命令驚擾鵝鴨以掩蓋軍隊行進的聲音，分散淮西軍的注意力。

自從吳少陽抗拒朝廷以來，官軍不到蔡州城下已有三十多年，蔡州城的戒備鬆弛，李朔的軍隊很快進入蔡州城並佔領了戰略要地。

天亮雪止之時，有人緊急報告吳元濟，說唐軍已至並佔領了蔡州。吳元濟根本不相信唐軍會來得如此迅速，後來聽到李朔的號令，才倉促率親兵登上牙城（內城）抗拒。

蔡州民衆幫助唐軍火燒內城南門，唐軍破門而入，擒獲吳元濟。

平定淮西吳元濟之戰至此宣告結束。

在這場奇襲戰中，李朔針對士兵因屢戰屢敗而產生的厭戰心理，先是加以安撫，穩定士兵的情緒，然後制定利用險峻的地形、惡劣的天氣襲擊敵人的策略，堅定他們殊死作戰的決心。

最後，他的軍隊在雪夜攻下蔡州城，活捉了吳元濟。這場戰鬥的勝利，對平定淮西、成德的藩鎮割據勢力有著決定性的作用。

鄭成功順利佔領台灣

鄭成功由敵人意料不到的鹿耳門港進入台江，登上本島，在後有追兵、前有強敵的情況下，採取攻其不備的策略，順利佔領了台灣。

順治十七年（西元一六六〇年）五月，安南將軍達素率大軍圍攻鄭成功部隊於廈門，突入島上的清軍全部被殲，達素敗逃泉州。

廈門一仗，鄭軍雖然獲勝，但鄭成功意識到難以再與清兵對抗，於是決心收復一六二四年被荷蘭侵佔的台灣，作爲抗清基地。爲此，鄭成功積極招募人員，修整船隻，備造軍器，並且招聘了三百名熟悉台灣海港、地形情況的領航員，做好東征準備。另一方面，他又派人送信給在台灣的荷蘭總督揆一，重申對荷蘭國的善意，麻痺對方。

由於鄭成功在大陸戰事失利，荷蘭認爲鄭成功將進攻台灣，從巴達維亞（今印尼首都雅加達）調派十二艘船艦，運載一四五三人增防台灣。但揆一看了鄭成功的信後，以爲鄭成功不可能進攻台灣，只留下三艘戰艦、六百名士兵和一些軍需物資，其餘又返航回巴達維亞去了。

鄭成功得到這一消息，覺得時機已經成熟，一六六一年三月率戰船數百艘，共二．五萬人，由料羅灣出發，開始渡海東征。

當時，荷軍在台兵力約二千餘人，主力防守在本島西側的鯤鯓島，小部分兵力約二百餘人防守在普羅民遮城。由外海進入台灣的主要水道，大船可以通行無阻，而且距離近，但有荷軍主力防守，航道全在荷軍炮火控制之下。至於鹿耳門港，則沙石淤淺，航程較遠，退潮時只能通行小船，因此荷軍在此只派一名伍長和六名士兵駐守。

根據情況，鄭成功決定由敵人意料不到的鹿耳門港進入台江，在敵人沒有防備的地方登上本島，直插赤崁城，然後再各個擊破敵人。

四月二日晨，鄭成功率艦隊抵達鹿耳門外，輕而易舉地搶佔北汕尾，於午後漲潮時駛抵鹿耳門港，主力開始登陸。不到兩小時，鄭軍全部上岸。部隊登陸之後，首先搶佔了赤崁街的糧食倉庫，同時包圍了普羅民遮城。

荷軍對鄭軍突然在鹿耳門登陸一無所知，得知消息後十分驚慌，急忙出動四艘戰艦向鄭軍艦隊攻擊。

荷軍一向傲慢，甚至認爲中國人受不了火藥味和槍炮的聲音。想不到鄭軍集中炮火，一舉擊沉荷主艦「赫克脫號」，「斯・格拉弗蘭號」和「白鷺號」倉皇敗逃日本，快艇「馬利亞號」逃往巴達維亞，荷艦隊徹底瓦解。

在海戰的同時，荷軍又派出阿爾多普上尉率領二百多名士兵增援赤崁城，在鄭軍的截擊下遭重創。

不久，又由貝德爾上尉率領二百四十名荷軍，企圖奪回北汕尾，恢復鹿耳門港的控制權，但在鄭軍夾擊下，遭到殲滅性打擊。

粉碎荷軍反撲後，四月六日，鄭軍集中兵力圍攻赤崁城，荷軍司令舉起白旗投降。四月七日，鄭軍水陸兩路強攻安平城，但遭遇頑強抵抗，傷亡較大。鄭成功隨即改為長期圍困，將主力抽往各地建立據點，進行屯墾，迅速站穩了腳跟。這年底，困守孤城的荷軍見大勢已去，被迫投降。

鄭成功在後有追兵，前有強敵的情況下，採取攻其不備的策略，騙過荷蘭人，順利登陸後佔領了台灣，建立反清復明的基地。

鄧艾奇兵渡陰平

鄧艾率領魏軍突然出現在江油城下，守將馬邈不知魏軍是如何到來的，嚇得不戰而降。隨即，鄧艾揮軍直奔綿竹、成都。

三國後期，司馬昭分兵多路南征蜀漢。蜀將姜維在劍閣憑藉天險，與魏國鎮西大將軍鍾會苦苦對峙，一時勝負難分。

名將鄧艾對鍾會說：「將軍何不派遣一支隊伍，偷渡陰平小路，奇襲成都，出其不意，攻其不備，料想姜維必回兵救援，將軍可乘機奪取劍閣。」

鍾會聽了大笑，連稱：「妙計！妙計！」並誇讚說鄧艾是最佳人選，下令鄧艾早日起兵。待鄧艾走了之後，鍾會不屑地說：「盛名之下，其實難符，鄧艾不過是個庸才罷了！」

原來，陰平小路都是高山峻嶺，地形極其險要。如果從陰平偷渡，西蜀只要用一百人扼住險要，再派兵阻斷進犯者的歸路，進犯者就非凍死、餓死在山裡不可，難怪鍾會對鄧艾做出這樣的評價。

但是，鄧艾深信從陰平小路奇襲西蜀定能成功。他派自己的兒子鄧忠帶精兵五千充當先鋒，在前面鑿山開路，搭梯架橋；又選出精兵三萬，帶足乾糧、繩索，跟在後面向前進發，每走一百多里，就留下三千人安營紮寨，以防萬一。

鄧艾率軍在懸崖深谷中披荊斬棘，行軍二十多天，路程七百里，未見人煙。當他們來到摩天嶺時，被眼前的天險擋住。鄧忠對父親說：「摩天嶺西側是陡壁懸崖，無法開鑿，我們前功盡棄了。」

鄧艾觀看了摩天嶺地形，對眾人說：「過了摩天嶺，就是西蜀的江呥城。不入虎穴，焉得虎子？」

說罷，鄧艾用毯子裹住自己的身體，滾下摩天嶺。

副將們見主將率先滾下山嶺，一個個跟著用毯子裹住身體滾了下去，那些沒有毯子的人，則用繩子束住腰，攀著樹枝，一個跟著一個往下走。就這樣，魏國先鋒兵士都過了摩天嶺。

鄧艾率領魏軍突然出現在江岫城下，守將馬邈不知魏軍是如何到來的，嚇得不戰而降。隨即，鄧艾將陰平小路沿途留駐的軍隊接到江岫城，然後揮軍直奔綿竹、成都。

蜀國皇帝劉禪是個庸才，儘管城中還有數萬兵馬，還是開城投降了，至此，蜀漢滅亡。這時候，蜀將姜維仍在劍閣與鍾會打得難解難分。

巴拿馬運河與一張郵票

瓦列拉用「曉以利害」的方法，以一張郵票說服了國會議員。更聰明的是，他使用的是尼加拉瓜官方發行的郵票做證明，說服力不言而喻了。

一八八〇年，一家法國公司承包了巴拿馬運河工程。起初，他們信心十足，但是在挖掘的過程中遇到許多意想不到的困難，最後錢也花光了，在財務困難下不得不放棄這項工程。

隨著國際貿易日益擴大，美國也急著想建造一條運河橫穿美洲大陸，但大多數國會議員看中的地點不在巴拿馬，而是在尼加拉瓜。關於運河地點，國會幾經討論，到了一九〇二年春天，議員們準備批准尼加拉瓜工程。

布諾．瓦列拉是一位年輕的工程師，認為如果不繼續承建巴拿馬運河，將是一大損失，決心單槍匹馬地改變國會的意見。

他記得幾年前，尼加拉瓜曾發行過一張印有莫莫通博火山的郵票。莫莫通博是一座著名火山，正巧坐落在擬議中的運河路線附近。據說，這是座死火山，但郵政局為了美化郵票，在火山上畫了一縷繚繞的煙環，形同活火山一樣。

布諾．瓦列拉匆匆跑遍了華盛頓，設法找到了九十張這樣的郵票。第二天早晨，每一位國會議員的桌上都出現了一個信封，裡面有一張郵票和布諾．瓦列拉的附言：「尼加拉瓜火山活動的官方見證。」

瓦列拉的舉動對美國國會的影響很大，最後議員們改變了主意，投票決定承接尚未過期的法國合約，建造穿過巴拿馬的運河。

瓦列拉用「曉以利害」的方法，以一張郵票說服了國會議員。更聰明的是，他使用的是尼加拉瓜官方發行的郵票做證明，說服力不言而喻了。

劉備聯軍火燒連環船

孫劉聯軍找出曹軍不善水戰的致命弱點，出其不意地以火攻擊敗曹軍。赤壁之戰促成三國鼎立形勢的形成，同時也創造了以火攻戰勝強敵的典型戰例。

曹操在西元二〇〇年的官渡之戰中擊敗袁紹後，分別於西元二〇四年、二〇七年取得了攻取鄴城、北征烏桓的勝利，一舉消滅袁紹集團的殘餘勢力，佔領司隸、兗、豫、徐、青、冀、幽、并等州，統一了北方。

接連而來的勝利，增強了曹操早日統一天下的雄心。

西元二〇八年春，曹操在鄴城修建玄武池訓練水軍，準備向南方進軍。同時派人到涼州拉攏馬騰及其子馬超，分別授以他們衛尉和偏將軍之職，以避免南下進軍時他們父子作亂。

曹操南下進攻的目標是荊州的劉表和東吳的孫權。荊州牧劉表年老多病，無所作爲，只求偏安一方。其子劉琦、劉琮爲爭奪繼承權相互鬥爭，內部不穩。官渡之戰時投奔袁紹的劉備，這時依附劉表，劉表讓他屯兵新野、樊城，爲自己據守曹軍南下的門戶。

劉備雖然寄人籬下，但仍是雄心勃勃，乘此機會積極擴充軍隊，訪求人才。當時他已經擁有了諸葛亮、關羽、張飛、趙雲等謀士、猛將，想在時機成熟時取代劉表，佔據荊州。

曹操南下進攻的另一重要目標是東吳的孫權，孫權當時佔有江東六郡，擁有精兵十萬，在周瑜、魯肅、張昭、程普、黃蓋等人支持輔助下，統治基礎牢固，內部團結，加上擁有長江天險，因此成爲曹操統一天下的一大障礙。

二〇三年八月，劉表病死，其子劉琮繼位。

曹軍逼境之時，劉琮不戰而降。這時，劉備正在與襄陽僅一水之隔的樊城訓練軍隊，準備應戰。聽到劉琮投降的消息時，劉備知道自己的力量抵擋不了聲勢浩大的曹軍，便向江陵退卻。

曹操怕江陵被劉備佔領，親率輕騎五千日夜兼程猛追，一晝夜行三百餘里，在當陽長阪坡追上劉備。

劉備被曹操打敗，和諸葛亮、張飛、趙雲等人率幾十名兵騎向夏口方向退去，與劉表長子劉琦會合。這時，他們總共僅有一萬水兵、一萬步兵，退守在長江南岸的樊口（今湖北鄂城西北）。

曹操順利地佔領了江陵，除獲得劉表的降兵八萬外，還得到大量的軍事物資。曹操急欲順流而下，佔領整個長江以東地區。這時，謀士賈詡建議利用荊州的豐富資源休養軍民，鞏固新佔地區，然後再以強大優勢迫降孫權。但曹操一路進展順利，滋長了輕敵情緒，沒有聽取賈詡的意見。

曹操佔領江陵後，不僅劉備感到即將被吞沒的危險，東吳的孫權也深恐戰火燒到東吳。局勢的發展迫使劉備、孫權產生聯合抗曹的意向。這時，東吳派魯肅以為劉表弔喪為名，急切地前往荊州探聽虛實。魯肅在當陽遇見劉備，提議聯合抗擊曹操，劉備欣然同意，並派諸葛亮和魯肅一起去拜見孫權。

諸葛亮見到孫權後，看出他對劉備的實力有所懷疑，便說服他說：「劉備雖然在長阪坡戰敗，但是還有關羽、劉琦率領的水陸精銳二萬多人。曹軍遠道而來，經過長途跋涉，已經是強弩之末，而且北方人不習慣水上作戰，荊州民眾也不是眞心歸附曹操，如果孫、劉兩家能同心協力，聯合抗曹，一定能擊敗曹軍，造就三足鼎立的形勢。」

孫權聽了諸葛亮的分析，增強了聯合抗曹的信心，決心與劉備合作，攜手抗曹。但是，東吳內部在如何對付操的問題上，存在著兩種不同的態度。以張昭爲代表的東吳官員主張不抵抗曹軍，而魯肅等人則堅決反對投降。

魯肅勸孫權將周瑜從鄱陽召回商討對策，周瑜趕回來後，和魯肅一起力勸孫權堅定抗曹決心。

周瑜分析說：「曹操雖然統一北方，但是他的後方局勢並不穩定。現在曹操捨棄北方軍隊善於騎戰的長處，登上戰船與我們做水上爭鬥，是以其短擊我之長。況且現在適值隆冬，曹軍必然會出現給養不足；北方士兵遠涉江湖之間，水土不服，必生疾病。這些都是用兵的大忌，曹操不顧這些不利因素，必然會導致失敗。」

針對曹操的兵力情況，周瑜也做了研究，「曹操號稱擁有水陸兵力八十萬，據我分析，曹操從北方帶來的軍隊不過十五六萬，而且已經疲備不堪；所得劉表的軍隊，最多七、八萬，這些士兵心存疑懼，沒有鬥志。這樣的軍隊，人數雖然多，並不可怕。」

最後周瑜說，只要給他精兵五萬，便足以打敗曹操。

孫權聽完周瑜對曹軍兵力、作戰特點、戰場條件的分析，決定與劉備聯合抗擊曹操。孫權撥精兵三萬，任命周瑜、程普為左右都督，魯肅為贊軍校尉，率領軍隊逆江而上，和劉備軍隊會合，共同抗擊曹操。

劉、孫聯軍會合後，繼續沿長江西上，到了赤壁（今湖北嘉魚東北）與曹軍的先鋒部隊遭遇。

曹軍的情況正如周瑜、諸葛亮預料的那樣，士兵水土不服，且多半不習水性，受不了江上風浪的顛簸。曹操針對這種情況，命令手下將戰船用鐵索連結在一起，在船上鋪上木板，以減少船身的搖晃。

這樣做，船上確實平穩多了，但卻彼此牽制，行動不便。不久，曹軍鐵索連船的弱點，被周瑜發現了，部將黃蓋向周瑜建議說：「我軍兵力少，不宜與曹軍長期相持，必須設法破敵。現在曹軍把戰船首尾相接，我們可以採用火攻的方法將他們擊敗。」

黃蓋的建議使周瑜受到啓發，制定了以黃蓋詐降接近曹營，然後放火奇襲曹軍戰船的作戰計劃。他要黃蓋寫了封降書，派人送到江北曹營。曹操接到降書後深信不疑，還與送信之人約定了投降的時間與信號。

西元二〇八年十一月，到了約定那一天，黃蓋帶領十艘大船，向北岸急駛而去，船上裝滿乾柴草，裡面浸上油液，外面用布裹上僞裝，插上約定的旗號。同時，預備好快船繫在大船之後，以便放火後換乘。

快接近曹軍水寨時，黃蓋命士兵舉火，並齊聲呼喊：「黃蓋來投降了！」

曹軍以爲眞的是黃蓋來投降了，紛紛走出船艙觀望。這時，黃蓋的船隻已經靠近了水寨，十艘大船的士兵同時放火，衝向曹軍水寨，然後跳上小艇。這時的天空正刮著猛烈的東南風，頃刻間，曹軍的戰船都燃燒起來。火勢一直蔓延到了岸上，曹營的官兵被這突如擊來的大火燒得驚慌失措，在一片慌亂之中，曹軍士兵被燒死、溺死、互相踩死的不計其數。

孫劉聯軍乘勢猛殺過來，將曹軍殺得人仰馬翻。曹操被迫率領殘兵敗將從陸路經華容向江陵方向撤退。在泥濘的道路上，曹軍戰馬陷入泥潭之中，曹操派人到處尋找枯枝雜草墊路，才使騎兵勉強通過。

孫劉聯軍水陸並進實行追擊，一直追到南郡（今湖北江陵境內）。曹操留曹仁、徐晃駐守江陵，樂進駐守襄陽，自率殘餘部隊退回北方。赤壁之戰以孫劉聯軍勝利、曹操失敗而告結束。

曹操咄咄逼人的攻勢，促成了南方兩個主要割據勢力——東吳孫權與荊州劉備聯合。孫劉聯軍精確地分析了曹軍的兵力、作戰特點及戰場條件等客觀情況，找出曹軍不善水戰的致命弱點，決定採取以長擊短、借火助攻的作戰方針，出其不意地以火攻擊敗曹軍。赤壁之戰促成三國鼎立形勢的形成，同時也創造了一個以火攻戰勝強敵的典型戰例。

三角商法的啟示

許多商家從通口的「三角商法」受到啟示，佔領市場不能孤軍深入，必須形成一個既能保護自己又能控制市場的相對空間和交叉力量。

有一個時期，日本商界流傳著一種經營手法——三角商法。名稱很特別，做法也很奇妙，許多人都覺得難以理解。

日本商人通口後夫在大阪市開了一個小藥局，生意很清淡，只能維持生計，通口爲此很苦惱，久久想不出解決的辦法。

有一天，他偶然看到一本日本軍隊侵略中國的書籍，書中說，日軍失敗並不意外，那些大大小小的據點多數被中國軍隊包圍，隨時都可能被消滅。

這本書瞬間啓發了他的思維，心想軍事態勢如此，商業競爭也不例外。如今，自己的一家小店勢單力薄，無疑處於腹背受敵的局面。如果可以用幾家小店密切聯合，形成三角或四邊形的包圍體，把消費者包圍起來，使別的藥商無法插足，這樣就能形成較大的生意面，連在裡面的其他藥局也受到包圍，即使不能消滅，也能壓倒它們。

這就和圍棋一樣，孤子很弱，但幾顆棋子連起來就有力量，如果能再多幾顆，就能形成堅固的地盤。

於是，通口決定以現有小店爲起點，全力攻下大阪府，作爲擴充的棋盤，然後再向全國進攻，他把自己的這個做法稱爲「關門捉賊」。

經營大計訂好，通口開始奮發努力，先後收購或租賃一些小藥店，由這些小藥店互相支援，形成一體。

大阪市的藥局老闆們見通口這樣熱衷於小店經營，感到很可笑。通口卻毫不理會，越幹越起勁。

不久，這些小店便發揮了威力，彼此呼應，同心協力，形成一個個特定的「包圍圈」。包圍圈內便是通口的控制市場，既能控制消費，又能控制競爭對手，「三角商法」大獲成功。

後來，通口的連鎖店如雨後春筍在日本各地出現，形成規模宏大的連鎖組織，生意十分興隆。

通口雄心勃勃，全盛時期將連鎖店增至一千家，控制整個藥物市場。

許多商家從通口的「三角商法」得到啓示，明白佔領市場不能孤軍深入，必須形成一個既能保護自己又能控制市場的相對空間和交叉力量，而且一定要全方位出擊，一鼓作氣，方能佔領市場。

【第2章】

避其銳氣，擊其惰歸

精神因素的好壞、體力狀況的強弱和作戰部署的優劣，在戰機問題上佔有舉足輕重的位置。為此，孫子提出了「四治戰法」：治氣、治心、治力、治變，核心內容則是「避其銳氣，擊其惰歸」。

空城計讓鄭國化解亡國危機

子元下令撤軍，鄭國總算度過一次亡國的危機。從此以後，空城計常被使用，當然使用者都是面臨危境，不得已而為之，但使用得當，都發揮了作用。

西元前六六六年，楚國的令尹子元率領六百輛戰車突然進攻鄭國，打到鄭國國都遠郊的大門外。

大軍壓境，鄭國上下一片恐慌。鄭文公連忙召集大臣商討對策，大臣有的主張求和，有的主張棄城而逃，有的主張關緊城門等待援軍，有的主張決一死戰。但鄭文公認為這些計策都不太好，怎麼辦呢？

正在大家七嘴八舌各抒己見的時候，大臣叔詹提出一個誰也沒有想到的辦法：

藏好兵力，打開城門，用這個辦法來嚇退楚軍。

叔詹闡述他的理由：楚國大軍奔襲，力求必勝，可是他們也害怕失利，因而勢必謹慎從事；如果看到鄭國國門大開，勢必懷疑有詐，不但不敢輕易入城，而且可能下令退兵，以免腹背受敵。

鄭文公聽叔詹言之有理，比起其他辦法都棋高一著，便按照叔詹的意見進行各項部署。

話說楚國令尹子元率軍來到鄭國城下，只見外城大門洞開，裡城護城河上的木橋還吊著沒有放下。從城外高處往裡看，街上商店正在做買賣，百姓安詳地往來，軍旗在空中飄動。

這種景象把子元看傻了。大戰在即，鄭國都城竟然如此平靜，如果不是誘敵之舉，還能如何解釋呢？他不禁感歎地說：「鄭國眞有人才啊！」

正在這時，探馬來報，附近幾國救援鄭國的軍隊趕來，和楚軍後衛對上了。子元更加感到其中有詐，慶幸自己沒有入城，於是趕緊下令撤軍，鄭國總算度過一次亡國的危機。

從此以後，空城計常被使用，當然使用者都是面臨危境，不得已而爲之，但使用得當，都發揮了作用。

羅貫中寫《三國演義》時，爲諸葛亮安排一場空城計，既能展現諸葛亮的智慧超人，又符合當時魏蜀爭鬥的歷史發展，因此大家都信以爲眞，爲諸葛亮的計謀拍手叫好，殊不知叔詹和鄭文公才是空城計的原創人。

朱德虛勢避敵

聰明的將領臨危不懼，能急中生智，其實在發生突然情況時，最重要的就是要鎮定，不能自亂陣腳，否則就會給敵人可乘之機。

清朝的奠立者努爾哈赤說過：管你幾路來，我只一路去。這句話說得通俗易懂，意思就是在敵強我弱的形勢下，只管集中兵力對付其中的一部分敵軍，在局部上造成我強敵弱的局勢。

一九三五年冬，紅軍第一、第四方面軍在四川懋功會合後，決定分左右兩路過草地，然後繼續北上。右路軍由毛澤東、周恩來率領，左路軍由朱德和張國燾率領，左路軍行至四川阿壩地區，張國燾企圖把隊伍拉到川康邊境去另立中央，遭到朱德和總參謀長劉伯承堅決反對。

張國燾見陰謀不能得逞，竟在一個漆黑的夜晚帶人包圍司令部，扣押了朱德和劉伯承，威逼朱德公開譴責毛澤東、譴責中共中央北上抗日的決議，和斷絕與毛澤東的一切關係，並威脅說：「你如果拒絕，就槍斃你！」

面對張國燾荷槍實彈的恐嚇，朱德鎮定自若，毫不屈服。朱德在共軍中有崇高的威望，張國燾不敢輕易下手，採取種種卑鄙的手段，剝奪了朱德的兵權，撤掉他的警衛部隊，讓他和少數紅軍露宿在茫茫的草地和荒涼的大山上，隨時都有遭受敵人和土匪襲擊的危險。

朱德知道這是張國燾的借刀殺人之計，但是他有著卓越的軍事才能，又極善於用兵，多次以極少的兵力擊退了敵人和土匪的襲擊，粉碎了張國燾的陰謀。

有一天夜晚，朱德身邊只有百十來人和一些傷病員，突然有一股敵人前來偷襲，情況十分危急。朱德沉著鎮定，迅速地把戰士和輕傷病員、司號員組織起來，將重傷病員撤到山崗後面，命令他們聽到衝鋒號後，只許高喊：「衝啊！」「殺啊！」

不准出擊。

當敵人臨近時，朱德站在一個小土堆上高聲喊道：「紅軍戰士們！消滅敵人的時候到了，衝啊！」

隨即，從幾個方面吹起的衝鋒號聲劃破了寧靜的長空，四處響徹著震撼人心的喊殺聲，紅軍分路向敵人發起了進攻。敵人被這突如其來的強大聲勢嚇慌了，隊形大亂，紛紛掉頭逃竄，不少人應著槍聲倒下，一些人乖乖地跪地舉槍投降，不到半小時，戰鬥就勝利結束了。

這一仗打死打傷敵人三百多人，俘虜一百多人。在審問一個俘虜時，他說：「我們長官說你們沒有多少人，哪知有這麼多部隊，光聽衝鋒號，起碼也有五個團，山崗那邊還有那麼多部隊沒有動呢，我們受騙上當了。」

紅軍戰士聽了暗自好笑，愚蠢的敵人不知道，這是朱德巧設的「空城計」。

聰明的將領臨危不懼，能急中生智，其實在發生突然情況時，最重要的就是要鎮定，不能自亂陣腳，否則就會給敵人可乘之機。

面對競爭，要設法不戰而勝

在對手如林的競爭環境中，應該善於謀略，爭取以不戰而勝，要知己知彼，欲進反退，待對手知難而退時，就是宣告競爭勝利之時。

系山英太郎是日本有名的富翁，興辦一家高爾夫球場是他的夙願。幾經努力，系山終於找到了一塊場地。可是，競爭者很多，要想用合理的價格得到這塊土地，就必須想出兩全其美的計策。

系山找到了地主的經紀人，表明自己想購買這塊地的意願。經紀人知道系山是有名的富豪，便想敲他一下，說道：「這塊場地的優越性是無可比擬的，建造高爾夫球場肯定能賺錢。但是，要買的人很多，如果系山先生肯付五億元的話，我將優先予以考慮。」

系山聞聽此言，便裝出一副對地價行情一無所知的樣子，說道：「五億元嗎？不貴，不貴，我願意購買。」

經紀人把這個情況告訴了地主，地主大喜過望，覺得以五億元的價格出售這塊場地太划算了，於是就回絕了其他購地者。所有想購買這塊場地的人知道自己的競爭對手是系山後，紛紛退出競爭。

可是，系山再也沒來找經紀人。經紀人多次親自找上門來，他不是避而不見，就是推三阻四，說買地這樣的大事需要仔細斟酌斟酌。這下可急壞了經紀人，不得不軟磨硬泡，希望系山儘快將買地之事定下來。

系山還是不理不睬，最後才說：「地我是當然要買的，可是價錢如何呢？」

經紀人趕緊提醒說：「你不已答應出價五億元嗎？」

「這是你開的價，事實上，這塊場地最多只值兩億，難道你聽不出我說『不貴，不貴』的諷刺意味嗎？你怎麼把一句玩笑話當真了呢？」

經紀人這時才發覺中了系山的圈套，只好說：「不然，就依你開的這個價格付款，如何？」

系山答道：「眞是笑話，如果要按這個價格付款的話，我還猶豫什麼？」

由於其他有意購買的人已經退出了競爭，經紀人和地主進退維谷，最後只好按一億五千萬元成交。

欲擒故縱、引人上鉤是「不戰而屈人之兵」的上策，系山嫻熟地運用了這個計策。在對手如林的競爭環境中，應該善於使用謀略，爭取以不戰而勝，那麼要怎樣才能做到不戰而勝呢？那就要知己知彼，欲進反退，待對手知難而退時，就是宣告競爭勝利之時。

安氏公司以靜制動，不戰而勝

冷靜分析眼前形勢，避敵於銳不可擋之時，以靜制動，然後乘其懈怠，坐收其利，一舉將之擊破，必能不戰而屈敵之兵。

以前，安氏公司和吉遠公司是香港兩家著名的房地產開發公司。吉遠公司的老闆陸吉遠精通房地產業，在銀行支持下，從安氏公司中獨立出來，並搶走了安氏的一些生意。因此，兩家公司的關係一直很緊張。

安氏公司視吉遠公司為「叛逆」，一直想以雄厚的實力和豐富的經驗擊垮吉遠公司。可是，吉遠公司的老闆陸吉遠在房地產業中混了多年，經營有方，而且還有銀行支持，非但沒有被擊垮，反而一天天壯大起來。

安氏公司雖然暫時失利，但公司老闆安邦並沒有灰心，苦心經營著公司內外事務，等待時機東山再起。

中國實行改革開放後，安邦憑著敏銳的商業意識，覺得這是發展安氏公司的大好時機，於是赴大陸考察，不久就攬下了幾個大項目。

就在安氏公司想在大陸大展宏圖時，情況發生了變化。

安邦正準備到大陸簽合約的前一天，電視新聞中播出了一則消息：「建築業新霸主陸吉遠，爲求迅速發展，將於近期展開攻勢，收購其老東家安氏公司。陸吉遠稱，他正調集足夠資金，準備從明天起大規模收購安氏公司股票。社會上零散的安氏股票很多，如果收購順利，將成爲安氏的最大股東。金融界認爲，陸吉遠此舉定會引起股市的波動。」

安邦看完這條新聞報導後大吃一驚，心想吉遠公司這幾年發展迅速，又有銀行支持，如果這次收購成功的話，自己大半生的辛勞豈不是白費了嗎？不行，不能讓他得手。他想收購，我就來個反收購！

但是，當安邦把吉遠公司的全部資料找來，從頭到尾仔仔細細地看完一遍後，心中頓起疑竇。

資料顯示，吉遠公司尚不具備收購安氏公司的實力。安氏公司如果進行反收購，吉遠公司不僅不會成功，而且還會積壓不少資金。陸吉遠不可能幹這樣的蠢事，銀行也不會同意他做傻事。

再說，即使他真想收購安氏公司股票，又怎麼可能把消息透露給興風作浪的新聞機構呢？其中必定有詐！

安邦想到這裡，已經猜到了八九分，陸吉遠「醉翁之意不在酒」，是想藉此破壞自己在大陸的投資計劃。

想明白後，安邦冷笑幾聲，找來助手交代對策，就到大陸簽訂合約去了。

新聞播出後，第二天股市一開盤，吉遠公司果然開始大量收購安氏公司股票，安氏股票價格直線上升，持股民眾爭相拋售。

吉遠公司的收購工作非常順利。下午，安氏公司開始出面回收股票，但只收購一會兒就停止了。

第三天早上，安氏股票價格進一步攀升，吉遠公司照舊大規模收購，有多少吃多少，安氏公司卻沒有在股市上露面。新聞媒體紛紛報導：「吉遠公司攻勢凌厲，安氏公司無招架之力，不敢應戰。安氏可能易主！」

又一天過去了，安氏公司的股票持續大幅度上升，吉遠公司開始力不從心，宣佈停止收購。

當天，晚報刊出一條消息：「安氏老闆在大陸簽訂大宗工程合約，安氏安然無恙」。到了第四天，安氏股票價格大幅下跌，安氏公司開始低價回收本公司股票，吉遠公司收購安氏公司的陰謀不攻自破了。

原來，當吉遠公司第一天開始大規模收購安氏股票時，安邦的助手在股市秘密拋售了部分股票，下午又故作姿態回收少量股票後就撤出，造成「無力反收購」的假象，刺激股價持續上升。

吉遠公司本來就無心收購安氏公司的股票，只不過想激怒安氏公司來進行反收購，藉此破壞對手去大陸簽約的計劃。誰知，安邦並沒有上鉤，吉遠公司自討沒趣，又沒錢繼續高價收購，只好急忙停止。

吉遠公司高價購進股票，股價下跌使它賠了一大筆錢。至於安氏公司，利用吉遠公司收購安氏股票的時間，去大陸談成了幾筆大生意。回港後，又趁著股價下跌，大規模低價收購了自己公司的股票，又賺了一大筆。

安氏公司在這場收購戰中，採取了以靜制動的戰術，憑雄厚的實力，置吉遠公司的進攻於不顧，在大陸談成了大生意。等吉遠公司精疲力盡撤退後，安氏公司乘機大舉反攻，不但自己未損一根毫毛，而且獲利不少，同時還重創了吉遠公司，可謂「一箭三雕」。

如果安氏公司輕信吉遠公司的謠言，進行反收購，那麼非但失去了進軍大陸的大好機會，而且還會損失一大筆寶貴的資金。

冷靜分析眼前形勢，避敵於銳不可擋之時，以靜制動，然後乘其懈怠，坐收其利，一舉將之擊破，必能不戰而屈敵之兵。

毛澤東四渡赤水

兵無常法，要在強敵的夾縫中生存，就必須學會隨機應變，隨敵人怎麼來，然後採取相應的措施與之周旋，不與之正面交鋒，讓敵人疲於奔命。

一九三五年一月，遵義會議樹立了毛澤東的領導地位。與此同時，蔣介石正調兵遣將，打算圍堵消滅紅軍。如果此時和國民黨軍硬拼，可能會因寡不敵眾而遭滅亡，怎麼辦？

遵義不是久留之地，毛澤東提議跳出敵人的包圍圈，西渡赤水，到四川南部去。中共領導階層同意毛澤東的提議，於是紅軍於一月二十九日從赤水的下游土城西渡進入了四川。

蔣介石發現紅軍進川，立即亡羊補牢，電令各路人馬向川滇黔邊區進發，想把紅軍圍而殲之。

毛澤東待紅軍稍事休整之後，提出「重返黔北」的主張，意在避開敵人包圍，襲擊敵人薄弱之處——黔北。中央同意了毛澤東的意見，下令部隊於二月十八日在土城之南的太平渡，東渡赤水，爾後迅速攻克桐梓，又佔領了遵義城。

紅軍重返遵義後，蔣介石更火了，又重新對紅軍進行圍堵。蔣軍的一部在魯班場和紅軍幹上了，而且處於相持狀態。這時，毛澤東又當機立斷，提出脫出戰場，直奔芳台，從那兒再次西渡赤水，避敵鋒芒，求得生存與發展。

三月十六日，紅軍三渡赤水。

蔣介石探聽到紅軍的新動向，以爲紅軍要北渡長江，又急忙向川南調兵圍剿紅軍。豈料，毛澤東又來了一個出敵不意，指揮紅軍於三月二十二日再從太平渡東渡赤水，把蔣介石圍剿大軍甩在川南，然後急速南下，渡過烏江，進入雲南。

毛澤東指揮紅軍於一九三五年一月底到三月中旬這一個半月裡，兩次西渡赤水，兩次東渡赤水，和敵人繞圈，甩掉敵人的大軍圍堵，趁機消滅敵人，創造出敵強我弱情況下，機動靈活力挫強敵的奇蹟。

這個過程被譽爲「四渡赤水出奇兵」，謀略之妙在於一個「奇」字，出敵不意，出沒無常，迂迴曲折，爲進而退，進退自如。

兵無常法，要在強敵的夾縫中生存，就必須學會隨機應變，隨敵人怎麼來，然後採取相應的措施與之周旋，不與之正面交鋒，讓敵人疲於奔命。

李自成失察，山海關大敗

吳三桂怒不可遏，向多爾袞「借兵」。多爾袞得知明朝崇禎皇帝已死，佔據北京城的是李自成的農民軍，立刻調集八旗精銳，浩浩蕩蕩地向山海關進發。

西元一六四四年，李自成率流寇攻入北京，崇禎皇帝上吊自殺。當時局勢極爲混亂，李自成卻被勝利沖昏了頭腦，認爲天下已定，對部下的恣意胡爲採取聽之任之的態度。

其實，天下遠未平定，擁有重兵的寧遠總兵吳三桂還在山海關，而山海關外的八旗軍早已對明朝天下垂涎三尺，李自成對此竟毫無所知！

在李自成縱容下，京城內刮起一股「追贓風」，在京舊官按照職位高低攤派餉銀，多者十萬，少者幾千，如敢不交就嚴刑拷打。「追贓風」越刮越烈，連商人、富戶也不能倖免，京城內一片怨咒之聲。

鎮守山海關的吳三桂原本已決心投降李自成，不料就在赴京途中，得知了父親吳襄因「追贓」受酷刑拷打奄奄一息，而自己的愛妾陳圓圓被李自成的大將劉宗敏奪走的消息。

吳三桂怒不可遏，立刻返回山海關，向李自成宣戰，同時派遣使者與滿清攝政王多爾袞取得聯繫，向多爾袞「借兵」。

多爾袞得知明朝崇禎皇帝已死，佔據北京城的是李自成的農民軍，覺得這是奪取明朝天下的「天賜良機」，立刻滿口應允，調集八旗精銳，浩浩蕩蕩地向山海關進發。

李自成得知吳三桂反叛，親率六萬人馬，以吳三桂的父親爲人質，怒氣沖沖地殺向山海關，雙方在山海關前展開決戰。

吳三桂本來不是農民軍對手，不料，就在雙方激戰的關鍵時刻，滿清武英郡王阿濟格和大將扈爾赫率領數萬八旗子弟兵突然出現在戰場上，漫山遍野地向農民軍衝殺過來。

李自成的農民軍從來沒見過奇裝異服的八旗軍隊，又見對方來勢兇猛，一個個拋下戈矛掉頭就跑。

李自成見大勢已去，殺掉吳襄，倉皇向北京撤退。吳三桂與八旗軍隊窮追不捨，李自成連戰皆敗，於四月三十日被迫退出北京。

從此，李自成由勝利走向徹底的失敗。

李自成不明敵情，盲目出擊的結果遭到慘敗，大順王朝如曇花一現。

知己知彼才能奪得勝利

商業競爭變化莫測，沒有永遠的常勝將軍，只有謹記兵法的教誨：「知己知彼，百戰不殆」，才能在商戰中認清形勢，避免災難，奪取勝利。

三菱公司和三井公司都是日本著名的大公司，兩家公司自成立以來，就進行激烈的競爭。

三菱與三井的首次激戰發生在海運業上。當時，三菱公司擁有六十一艘海輪，佔日本輪船總數的七十五%，一舉霸佔了日本的海運業。而三井公司只擁有三條輪船，要運送大宗貨物，還得找三菱公司幫助。

日本是個島國，在十九世紀末期，對外運輸只有海路一條，而三菱公司又獨霸日本海運業，不管條件多麼苛刻，許多公司也只好認了。

一八八〇年，三菱公司宣佈，以後該公司海運貨物必須用銀幣交易，不收紙幣。消息一傳出，造成日本紙幣大幅度貶值，運費迅速上漲，三菱公司無形之中增加了大筆收入。

運費漲價後，三井公司一年付給三菱公司的運費就超過七十萬元，而且貨物一定要放在三菱公司的倉庫裡，還得投三年的保險。這樣，三菱公司坐地收錢，三井公司一年到頭辛辛苦苦掙來的錢，大部分流入了三菱公司的帳戶。

三菱公司如此翻雲覆雨，令三井公司大爲惱火。三井公司總裁益田壽爲了反擊，找到以前在大藏省任職的上司認澤榮，想讓他出面組織一個「東京風帆船會社」，與三菱公司抗衡。

認澤榮是當時的第一銀行的總裁，也是三井公司出資設立的東京股票交易所的幕後主持人。隨後，益田壽又跟政界要員和地方上的海運業者接觸，打算聯合組建海運公司。

有三井公司和財政界人士做後盾，地方上的船主、貨主、富商紛紛申請加入「東京風帆船會社」。

三菱公司得知消息後，立即商討對策，準備反撲。該公司總裁岩崎彌太郎想，如果面對面地跟對手正面交鋒，兩虎相爭，難免有所損失，再說對手雄厚的資金和認澤榮的社會地位也不能輕看。

最好的辦法是讓他們的計劃流產，或者設置重重障礙，推遲對手計劃的實施，打擊他們的士氣。

擒賊先擒王，岩崎彌太郎決定先拿三井物產公司的後台認澤榮開刀。他與報界大亨大隈交情很深，便利用大隈所辦的各種報紙攻擊認澤榮，說認澤榮經營不佳，三井公司向第一銀行借款做大米生意失敗了，使第一銀行虧損了數十萬；益田壽這次積極籌辦「東京風帆船會社」，就是爲了塡補虧損金額，想拿發行出去的股票的錢來抵債。

新聞界的謠言攻擊，影響了認澤榮的聲譽。不少地方船主、貨主和富商紛紛退出了「東京風帆船會社」。

岩崎彌太郎又派人去對手內部活動，重金收買即將成立的會社中的骨幹力量，並以低利資金流通和低價運輸爲條件，拉攏那些船主、貨主和商人。此外，他還收買東京股票交易所的股東們，撤換掉認澤榮在東京股票交易所裡的親信，斷絕他們對「東京風帆船會社」的資金支持。

三菱公司的這一切行動都在私下悄悄地進行，等到認澤榮發覺時，爲時已晚。經過千辛萬苦的掙扎，東京風帆船會社終於成立，但是力量已被大大削弱，大宗海運買賣依然壟斷在三菱公司手中。

在這次海運戰爭中，三井公司敗給了三菱公司。

三井公司失敗的原因有兩條：第一，沒有做好保密工作，對自己的弱點認識不夠；東京風帆船會社還未成立，內幕就已經被三菱公司知道清楚了，結果被三菱公司採用各個擊破的方法瓦解。第二，對三菱公司的反攻一無所知，直到計劃失敗，才恍然大悟，悔之不及。正應了孫武在兩千多年前說過的話：「不知己、不知彼，每戰必殆。」

三菱公司在這次海運戰中能取得勝利，也應歸功於「知己知彼」。他們深知認澤榮是三井公司組織東京風帆船會社的後台後，就用毀壞對方名聲的手段，使三井公司失去依靠；然後又憑藉自己的實力，威脅利誘地方的船主、貨主和商人退出東京風帆船會社，從而達到擊敗對手、獨霸海運業的戰略目的。

商業競爭變化莫測，沒有永遠的常勝將軍，只有謹記兵法的教誨：「知己知彼，百戰不殆」，才能在商戰中認清形勢，避免災難，奪取勝利。

【第3章】

死地則戰

「九變」之中所講的五種地形，可以與《地形篇》中的六種地形，以及《九地篇》中的九類地區等相互參照，都是中國古代軍事學中「兵要地理」的萌芽。其中有不少理論與現實結合的命題，例如「圍地則謀」、「死地則戰」……等等。

潛伏在希特勒身邊的女間諜

奧莉嘉的演技比奧斯卡金像影后還要高超！能潛伏在希特勒的周圍，出入德國最高領袖們的社交圈子，難怪史達林要嘉獎她。

一九四五年七月某天深夜，莫斯科克里姆林宮史達林的辦公室裡，一位美麗的女人正在接受史達林、莫洛托夫和貝利亞等人審查。

「好啊，我們怎樣處置這位女士？」史達林問了一句，隨後又補充了一句：「她幫了我們很大的忙，應該獎勵她。」

蘇聯KGB負責人貝利亞將軍十分肯定地說：「對。」

這位美麗的女人是誰？爲什麼會受到史達林的嘉獎？

她的名字叫奧莉嘉，是一位潛伏在希特勒身邊的蘇聯間諜。

戰爭爆發前，奧莉嘉是蘇聯的一名優秀演員，隨高爾基模範藝術學院赴德國巡迴演出時，和丈夫米哈伊爾．契訶夫滯留在德國。數年後，夫婦兩人分道揚鑣，奧莉嘉來到法國巴黎。一個「偶然」的機會，她結識了一位來自莫斯科的英俊男子伯里斯，兩人一起度過了一段愉快的日子。分手時，伯里斯告訴她，他是蘇聯使館的工作人員。

「那你能幫我回家嗎？」奧莉嘉問道。

「關於這一點，我想妳只有一個選擇：爲我們的情報部門工作。不過，妳應該明白，這是相當危險的，妳自己決定吧。」

奧莉嘉考慮了一下後表示同意。

隨後，奧莉嘉奉命返回德國工作，KGB爲她做了精心的安排，讓她以藝術家的身分，活躍於柏林的上流社會。

一天，德國黨衛軍領袖鮑爾曼結識了女演員奧莉嘉．契訶娃。希特勒不無驚詫地問道：「有必要結識一位斯拉夫女人嗎？況且還是個俄羅斯女人！」

但是，當他一看見身材完美、面貌姣好的奧莉嘉，立即指著鮑爾曼喊道：「你騙我！我知道俄國女人身材又胖，顴骨又高，她顯然是一位純雅利安女人。」這次會面後，希特勒就開始關心起這位漂亮的女演員，經常打聽她的行蹤。

不久，奧莉嘉在拉脫維亞首府里加和KGB的一位領導克里維茨基秘密見面。她接受的任務是：進一步與希特勒和納粹高級領導人接近……

受到第三帝國領袖們垂愛後，奧莉嘉與戈林元帥夫人、戈培爾夫人和其他德國高級官員接觸時變得更方便、更從容。那些饒舌婦和喜歡出入社交場合的高級官員們爲她提供了大量寶貴的情報和資訊。

每次從招待會上回來，她都認眞仔細地將聽到的情報記述下來，然後送到一家高級時裝店去。但她從不與時裝店「老闆」瑪爾塔會面，以免招惹不必要的麻煩。

一九四五年三月的一個晚上，發生了一件意想不到的事情。盟軍飛機在對柏林進行轟炸時，時裝店老闆瑪爾塔被炸成重傷，臨終前，她向牧師懺悔說，她是一位蘇聯女情報員的聯絡人。

「她是誰？」牧師讓人給她注射了一針強心劑，向她大嚷。

瑪爾塔喃喃答道：「女演員奧莉嘉。」

牧師馬上向希姆萊做了報告，希姆萊當即決定逮捕奧莉嘉。第二天早上，八輛小汽車來到奧莉嘉的私人住宅。巧的是，希姆萊撞見奧莉嘉正與希特勒、愛娃．希勞恩在一起。他不敢貿然行事，只得暫停行動。

送走希特勒，又碰巧趕上盟軍飛機大轟炸，奧莉嘉趁著混亂，駕車逃到馬格德堡附近的一個小村莊。夜裡，她在柏林的房子、劇院全被炸毀。這反而救了她，希姆萊的手下認爲她已被炸死，便放棄了追查。

一九四五年七月，三位蘇聯軍官救出了奧莉嘉，並把她送回了莫斯科，之後她受到史達林嘉獎。

後來，奧莉嘉獲准返回西德生活，換了幾個劇院，改頭換面生活了十五年。戰後的西德幾乎沒人知道她的眞實經歷，只有東柏林幾個高層人物才知道她的底細。

奧莉嘉的演技比奧斯卡金像影后還要高超！能潛伏在希特勒的周圍，出入德國最高領袖們的社交圈子，難怪史達林要嘉獎她。

雙面間諜最難對付

間諜與反間諜自古至今都是間諜戰中的一對矛盾，在明爭暗鬥過程中，雙面間諜更難對付，危險程度更大，因為你始終得提防他反咬一口。

一九四二年四月六日，美國聯邦調查局收到駐馬德里領事館的報告：有一個叫亞伯特·范洛普的荷蘭人要求領事館發給他和妻子去美國的簽證。范洛普說，自己是德國情報機關派往美國的間諜，奉命去刺探有關美國軍隊和戰時工業的情報，同時，受命去美國建立一座秘密電台，定期向漢堡發報。

范洛普又說，他痛恨納粹，願意爲盟國服務。如果讓他去美國，他願意充當雙重間諜，表面上爲納粹效勞，實際上爲盟軍服務。

報告說，范洛普爲了表達自己的眞誠，交出了隨身攜帶的微型發報機、密碼，以及美元現鈔和支票。聯邦調查局立即著手研究有關范洛普的資料，在總部的檔案中發現了有關他的記錄，得知他是一名職業間諜，在一次大戰中曾在德軍情報部門工作過。

但從檔案中無法證實范洛普是否可靠，最後聯邦調查局決定將計就計，接受他的請求，允許他來美國，再監視他的行動，並設法利用他爲盟軍服務。

范洛普一家獲准經葡萄牙乘船到達美國。在入境的例行詢問調查中，調查人員戳穿了他的一些謊言，從這些謊言中看出，這個小個子荷蘭人在有意掩飾自己過去的一些醜行。

這使調查人員對他的「誠意」表示懷疑，但仍認爲他有利用價值，於是在嚴密監視下，對他和全家做了妥善的安排。

聯邦調查局確定了利用范洛普的計劃，決定建立一座電台，用他的名義和德國人建立聯繫。實施這項計劃要冒一定風險，德國人對於他們自己的間諜發報的手法非常熟悉，通過分析手法就可判斷發報人是誰。據說，德國有一個電報專家，能辨別出間諜發報特點，也對范洛普的手法非常熟悉。

聯邦調查局首先要做的就是掌握范洛普發報的手法，派三個特工人員練習模仿他的手法，直到達到亂眞的程度。同時，他們還研究了范洛普發報時所使用的語言特點和表達方式。

經過充分準備後，一九四三年二月七日，設在長島的一個無線電台第一次與德國情報單位取得了聯繫，聯邦特工人員告訴德國人：「收發報工作已準備就緒，眼下我甚感安全，將在一九〇〇聽你回答。」

電報發出後，是長長的、令人焦急不安的等待。

第六天，漢堡終於來電：「叔叔感到十分高興，他向你表示欣賞和良好祝願。」

聯邦特工們這才鬆了一口氣。

爲了使德國人對范洛普深信不疑，特工人員向德人提供了一些情報，諸如：天氣報告、美國口岸停泊船隻的名字、正在修理中的海軍艦艇，以及新聞報導中關於政府撥款建造新船或購置軍火的消息等。特工還報告德國人：范洛普已在海軍碼頭上發展了兩個成員，他們定期向他報告情況。

「范洛普」與德國情報機關的聯繫一直保持到一九四五年四月二十七日。這一天，漢堡給他發來一份電報：「考慮到目前的處境，我們必須中斷與你的聯繫，但每週可以聯繫信號一次。叔叔會一如既往保護你將來的利益。」

這是最後一份電報，以後信號始終沒有來過，因爲德國人很快就垮台了。

從一九四二年四月到一九四五年五月，在三年多的時間裡，范洛普這個「雙面間諜」始終和聯邦調查局配合得很好，儘管這種配合經常是在用手槍逼住後背的情況下進行的——聯邦調查局始終沒有相信這個矮個子的荷蘭珠寶商向盟軍表白的所謂忠誠。

間諜與反間諜自古至今都是間諜戰中的一對矛盾，在雙方明爭暗鬥過程中，雙面間諜更難對付，危險程度更大，因爲你始終得提防他反咬一口，范洛普就是一個例子。

毛澤東的誘敵深入戰略

敵強我弱是自古以來將領們要費心思慮的重大課題，在這種不利的情勢下，不能硬攖其鋒，而要巧設伏兵，爭取全部殲滅。

一九三〇年十月，蔣介石糾集了八個師、十萬人馬，向中共蘇區進行「圍剿」。當時紅軍不到四萬人，裝備也差，面臨這種形勢怎麼辦？

有人主張打出去，去攻打敵人的大城市，如南昌、九江等，轉移敵人的目標。其實，這是餿主意，是拿雞蛋去碰石頭。毛澤東則堅決主張利用蘇區的群眾基礎和有利的地形，採用誘敵深入、聚而殲之的戰略。

但要怎樣佈置軍隊，誘導敵軍繼而設伏殲敵呢？

根據毛澤東的這個戰略，十一月五日，紅軍主力部隊急劇向根據地腹地退卻，只留十二軍第三十五師擔任誘敵任務。

三十五師且戰且退，有時候明明佔據著非常有利的地勢，敵人完全處在火力的俯射之下，戰士們正想打個痛快，可是指揮官卻突然下令：「撤！」弄得戰士們很不理解。

有一次，部隊連續撤退了幾天，大夥兒又累又餓，這天伙房做了雪白的大米飯，一盆一盆擺在樹蔭下，風一吹，香噴噴的美味陣陣往鼻子裡鑽，饞得大夥兒眞想吞它幾碗。

可是，開飯前，連政委偏要集合講話，等大夥兒剛捧起飯碗，後面槍聲又響了，敵人又追來了，連長一聲令下：「快撤！」

眼看這頓美餐就要餵敵人了，有的戰士直氣得一腳把菜盆踢老遠，隊伍一口氣撤退了十多里。

緊追上來的敵人是張輝瓚的十八師。這些天，來到蘇區，家家堅壁清野，戶戶鎖門閉戶，幾百里連個人影兒也見不著，吃沒吃的，用沒用的。雖然帶來一些稻穀，可是磨盤、舂碓找不到一個，都被老百姓沉到水裡去了。饑餓的士兵，見到白花花的大米飯，又有香噴噴的蘿蔔燒肉，就不顧一切，抓上就吃，你爭我奪，大家打成一團，隊伍全亂了套。

軍官抽出皮鞭就打，有些士兵挨著鞭子還在吃。軍官急了，怕長官來看見有失體統，朝天放了一槍。

不久，師長張輝瓚眞的坐轎子來了。

張輝瓚伸出頭一看，只見士兵有的滿臉米飯，有的潑了一頭肉湯，正要發火，突然瞧見地下的飯菜，不覺又轉怒爲喜，於是大聲嚷道：「弟兄們，你們看這些飯菜，這證明了共軍已聞風喪膽，狼狽逃竄了，大家快給我追！剿滅了共軍，我殺豬宰羊，犒賞你們七天。弟兄們，給我衝啊！」

軍官立即揮動鞭子，驅趕著士兵們衝鋒。

爲了誘使敵軍追趕，紅軍指揮員命令戰士們輕裝前進，一路上丟下了不少東西，破槍、背包、水壺、大刀、皮帶、草鞋……等等，眞像一支慘敗的部隊狼狽逃走的景況。

追兵經過長途跋涉，最後終於走進根據地的腹地——龍岡、小布一帶，而紅軍的主力三萬多人已在此等待多時，並控制周圍所有的戰略要地、制高點，像一個張開的大口袋。

十二月二十九日七時半，戰鬥終於打響了，先是張輝瓚的先頭部隊戴岳的五十二旅被紅軍消滅，接著是張輝瓚的後續部隊王俊捷的五十三旅又被殲滅。這時，張輝瓚才感到大事不好，急忙向友師譚道源發電求救，哪知譚道源回電說：「我們也寸步難行，增援已不可能了。」

約下午三點，紅軍總部下達總攻擊令，以排山倒海之勢，分別從龍岡東北和西北方向，壓向張輝瓚的師部。

戰鬥不到一個小時，張輝瓚的師部便全面崩潰。張輝瓚見勢不妙，隻身潛逃，躲藏在萬功山的荒草之中，終於被活捉。

紅軍旋即攻打譚道源師，譚道源倉皇潰逃。其他各師聞訊，也都逃之夭夭。蔣介石發動的第一次「圍剿」，在毛澤東「誘敵深入」的戰略下，以失敗告終。

敵強我弱是自古以來將領們要費心思慮的重大課題，在這種不利的情勢下，不能硬攖其鋒，而要巧設伏兵，爭取全部殲滅。

古來征戰，貴在出奇制勝。

當敵人大軍壓境之時，要沉得住氣，尋找敵人的薄弱環節，力圖轉變戰局上敵強我弱的不利情勢，化爲局部的我強敵弱。一旦得手，就要敢打敢拼，連續作戰，不給敵人以喘息的機會。

毛澤東粉碎蔣介石「圍剿」，就得力於這種謀略思想。

蒙哥馬利沙漠獵「狐」

隆美爾非洲軍團徹底被擊垮，蒙哥馬利成為傳奇人物。隱真示假，在關鍵時刻突施冷箭，這種戰術往往能發揮奇兵的效果，對敵軍的震撼力很強。

一九四一年二月，希特勒派隆美爾到北非統帥非洲兵團。隆美爾以靈活多變的指揮，戰勝了數倍於己的英軍，因而獲得「沙漠之狐」的稱號，德軍在他率領下士氣高昂，屢戰屢勝。

一九四二年夏，英軍的處境岌岌可危。六月中旬，英軍據險固守的賈札拉防線被德軍突破。接著，托卜魯克要塞竟於一天之內就被敵人攻佔了。七月一日，一直遭受隆美爾非洲軍團攻擊的美國第八集團軍，自北非沙漠撤到距尼羅河三角洲一百公里的阿拉曼一線，並面臨全線潰敗的危險。

在這樣危險的局勢下，邱吉爾重新任命了中東戰場的指揮官，由蒙哥馬利擔任第八集團軍司令。

蒙哥馬利臨危受命，一上任就巡視全軍，以敏銳的洞察力、傑出的辯才和高昂的情緒，激勵了屢遭挫折的將士。

接著，蒙哥馬利又抓緊時間整頓軍隊，解除了一些作戰不力的軍官的職務，並分析敵情，研究沙漠地區裝甲戰的特點。

他發現以狡詐聞名，被稱爲「沙漠之狐」的隆美爾的慣用戰法是誘惑盟軍的坦克先去攻擊，而德軍的坦克則部署在一道戰防炮掩護幕的後面，利用戰防炮擊毀盟軍的坦克。蒙哥馬利決定以其人之道還治其人之身，一方面命令部隊加強防禦工事，另一方面則積極準備空中力量，打擊和破壞德軍的裝甲部隊，並且針對性地佈設了陣地。

八月三十一日，隆美爾的部隊補足了油料之後，準備對盟軍進行出其不意的攻擊。蒙哥馬利早料到這一手，在德軍裝甲縱隊預定出發前兩小時，派出英國皇家空軍夜航轟炸機，對德軍集結的戰鬥車輛群實施破壞性攻擊。戰鬥開始後，英空軍又專門對付行進中的德軍坦克，使德軍遭到重大傷亡。

經過了兩天激戰，隆美爾的非洲軍反倒被包圍，無力重新發動進攻，於是蒙哥馬利決定由防禦轉入進攻。這次防禦戰的勝利，大大提高了英軍的士氣和蒙哥馬利的威信。

爲了牽制德軍主力，蒙哥馬利並未立即發動進攻。他集中精力改進軍隊的指揮和組織，進一步提高部隊的士氣，準備在十月下旬對隆美爾進行決定性的打擊。在這期間，他施展了一系列惑敵行動，使隆美爾錯誤地判斷局勢。

蒙哥馬利在阿拉曼戰線南部後方，設置了僞裝的輜重卡車、軍火站和輸油管，並且在那裡頻繁地使用電台，故意向敵人透露英軍將於十一月初在戰線南部發起主攻的資訊。

大量的英軍則利用夜暗進入戰線北部的進攻出發地域，運輸車輛和火炮都進行了嚴格的僞裝。航空兵進行了有效的掩護，使敵偵察機無法在目標上空活動。隆美爾以爲英軍要從南部發起突擊，於是將德軍調往北部陣地。

除此之外，蒙哥馬利還改變了派遣步兵排除敵人地雷的老辦法，使用新的排雷坦克。這種坦克前方裝有一具旋轉的連枷式的鐵鍊，鐵鍊拍打地面時，地雷就會爆炸。他還要求空軍密切配合，在開始進攻時，對德軍機場進行閃電式地轟擊，以消滅敵人的空中力量。

阿拉曼戰役終於在十月二十三日開始了，晚上九時四十分，英軍一千多門大炮暴風雨般狂轟非洲軍團陣地十五分鐘。之後，步兵發起猛攻。

德軍事先已經料到英軍將發動進攻，但是進攻的時間與炮火的猛烈程度，都大大出乎德軍的意料。

此時，隆美爾由於在北非戰場染疾，正在國內療養。他通過偵察機的偵察，認爲英軍的兵力有限，進攻的時間估計最早也得在十月的最後幾天，因此，他進行了一番部署以後，覺得萬無一失，便放心大膽地回國了。

然而，蒙哥馬利卻出其不意地突然提前進攻，而且炮火的猛烈與兵力的強大，使敵軍措手不及。

這一點，應當歸功於蒙哥馬利一系列的僞裝、惑敵的手法。英軍的一千多門大炮同時向德軍炮兵陣地開火，短短的十五分鐘內，重創了德軍的炮群。接著，英軍的炮火又轉而集中轟擊敵軍前沿陣地，與此同時，英軍第十三軍和第三十軍在炮火掩護下衝向敵軍陣地。

蒙哥馬利除了在北部發起強大的正面攻擊外，又進行「粉碎性打擊」。進攻初期，先從空中和地面發起大規模的轟炸和炮擊，以此打垮德軍炮兵陣地，繼而再打擊步兵部隊陣地，最後投入強大的裝甲群，將德軍裝甲部隊與非裝甲部隊切斷，分而殲之。

二十五日黎明時分，英軍雖然在進攻中付出了沉重的代價，但已經突破了多處敵軍陣地。這時，隆美爾應希特勒的要求，匆匆返回戰場，竭力進行反攻。戰場上煙塵滾滾，炮火連天，英國的沙漠航空隊在空中穿梭來往，把炸彈傾瀉在兇猛衝擊的德軍坦克群中。雙方步兵處於犬牙交錯的膠著狀態，盟軍奮力進攻，非洲軍團拼死頑抗。

經過十二天激戰，軸心國部隊終於全線潰退了。

軸心國部隊傷亡了二萬人，被俘三萬人，毀壞坦克四五〇輛，還有七十五輛因缺油而被遺棄，一千門大炮被摧毀。馳騁北非、橫行一時的隆美爾非洲軍團徹底被擊垮，爲將軸心國最後趕出非洲奠定了基礎，蒙哥馬利也因此晉升爲上將，成爲傳奇人物。

隱眞示假，在關鍵時刻突施冷箭，這種戰術往往能發揮奇兵的效果，對敵軍的震撼力很強。在商戰中，頂尖的商人也常常採用蒙哥馬利這種策略，收斂自己的鋒芒，在合適的時刻迅速出擊，佔領市場。

法國白蘭地突出重圍

行銷不僅是一種技巧，還是一門學問，行銷模式的背後是善謀者勝的常勢，化常勢為攻勢尤為困難，也是值得商家深思的老問題。

法國白蘭地享有很高的聲譽，在歐洲各國十分暢銷。可是，二十世紀五〇年代以前在美國市場上，法國白蘭地並不出名。

二十世紀五〇年代，法國的釀酒行業開始把目光投向美國這個巨大的市場。但他們沒有貿然採用大規模的推銷手段，而是先邀請幾位公共關係專家，愼重地研討行銷方案。

這些專家搜集了美國民衆飲酒的風俗、法美關係的發展、年內有影響的節假日和慶典活動、艾森豪總統在美國新聞界的影響等大量資訊。經過周密策劃，他們決定抓住法美兩國人民的友誼做文章，於美國總統艾森豪六十七歲壽辰之際，贈送兩桶窖藏達六十七年之久的白蘭地酒作爲賀禮。

他們還特邀法國著名藝術家設計製作專用的酒桶，屆時派專機送往美國，在艾森豪總統壽辰之日舉行隆重的贈送儀式。

他們把這項消息透過新聞媒介傳播給美國大衆，一時間，關於這兩桶酒的傳說成了美國民衆的熱門話題。

總統壽辰之日，爲了觀看贈酒儀式，華盛頓萬人空巷，有不少人從各地趕來一睹盛況。美酒駕到的新聞報導、專題特寫、新聞照片擠滿當天各報版面，人群、車輛紛紛擁向白宮。

當兩桶白蘭地美酒由四名英俊的法國青年抬進白宮亮相時，群情沸騰，歡聲四起，有人甚至大聲唱起法國國歌《馬賽曲》。就這樣，法國名酒白蘭地在熱烈的氣氛中昂首闊步走上了美國國宴和家庭餐桌。

沒有採用價格戰、促銷戰等常規競爭手段，也沒有與美國國內生產酒品的廠家直接交鋒，法國白蘭地卻取得在美國酒市場上的輝煌勝利，這應歸功於法國廠商對國際公共關係的巧妙利用。

要順利打開美國市場，首先要樹立白蘭地酒的良好形象。而利用美國人關注的事件進行宣傳，無疑將會收到事半功倍的效果。把精製的美酒贈送給美國人十分敬重的艾森豪總統，既達到提高白蘭地的聲譽的目的，又贏得美國民衆的喜愛，眞是一舉兩得。

行銷不僅是一種技巧，還是一門學問，行銷模式的背後是善謀者勝的常勢，化常勢爲攻勢尤爲困難，也是値得商家深思的老問題。

誘使敵人自投羅網

賀龍這一仗，靠的是智取，縱敵驕氣，讓向子雲喪失警惕，步步陷入紅軍設下的埋伏圈，取得以弱勝強的戰鬥勝利。

一九二九年六月，賀龍帶領紅二軍團，來到家鄉——湖南桑植，發動群眾鬧革命，震驚國民黨當局。

駐桑植南邊永順縣的「防匪」司令向子雲先是派周寒之帶兵五百前去討伐，不料想很快就吃了敗仗，損兵折將，氣得他決定親自帶兵三千前去，打算消滅紅軍，活捉賀龍。

當時，桑植一帶紅軍才五百來人，三百桿槍，敵強我弱。面對強敵壓境，有的主張快跑，有的主張硬拼，軍心不定。

賀龍卻處危不驚，鎮定地命令部下分頭執行任務了。

向子雲的隊伍趾高氣揚地向北開進，到了赤溪河遇上紅軍，打了一陣，沒費多大勁，便把紅軍打跑了。向子雲下令追擊，紅軍且戰且退，人數越打越少，連桑植城也不敢進。

向子雲見狀，大搖大擺地進了桑植城，並且向上報捷，誇下海口說：「不日即可旋歸。」

然而，他沒有想到賀龍詐敗，帶著隊伍暈頭昏腦地鑽進紅軍的大口袋。當向子雲隊伍全部進入桑植城，守在三面山上的紅軍，在賀龍一聲令下，立即如猛虎下岡，撲向桑植城。

經過半天鏖戰，向子雲部隊被殲滅大半，餘下的士兵立即南逃。沒想到，逃到一半忽然大雨滂沱，山洪暴發，士兵們被趕進溝裡河裡，連向子雲也葬身浪濤，全軍覆沒。

賀龍這一仗，靠的是智取，縱敵驕氣，讓向子雲喪失警惕，步步陷入紅軍設下的埋伏圈，取得以弱勝強的戰鬥勝利。

在合圍戰中，要不動聲色地誘騙敵人進入伏擊圈，這個誘敵的過程就是讓對方自投羅網，既不能表現得太虛假，又不能操之過急。

兩手空空也能變億萬富翁

一個小小的建議，竟使只念完小學的平庸無奇的人走上了坦途。從兩手空空發展成為一個擁有億萬資財的企業家，這是龍金尼·杜爾奈始料未及的。

一九三九年，龍金尼·杜爾奈收購了長島郊區一家小型電線號牌製造廠，起初名爲「北岸銘牌公司」。

接辦工廠的初期，杜爾奈幾乎寸步不離廠房，因爲四部機器中只要一部停車，製造廠就要虧本。這時，他深深地感到了電線號牌生意難做：成本高，同行競爭激烈，特別是大廠都採取自動化生產，小廠根本無法競爭。

半年下來，工廠雖沒虧本，但算上購買工廠時借款的利息，帳面上已出現了赤字。嚴峻的問題擺在面前：換自動化設備換不起，賣掉工廠又沒人要，拖下去只會越陷越深，而且一位在廠裡扮演關鍵角色的領班又在此時辭職。

杜爾奈有些絕望了，最後向全廠宣佈：從今天起，我們停工了，但希望各位今天都不要離開工廠，工資照發，請大家貢獻智慧，看這個工廠還有沒有救。說罷，他給員工送上紙和筆。

此時，工廠像死一般的沉寂，杜爾奈彷彿置身於墳墓之中。

杜爾奈很快拆閱完員工們留給他的十幾封信，當他拿起最後一封信時，已陶醉在員工們的一片安慰之中。

這最後一封信是剛來不久的一小學徒寫的。信中有這樣幾句話：「任何問題，絕不止一種解決方法，問題在於哪一種對自己有利，自己又能辦到的。」又說：「更新設備這條路是絕對走不通的，可是你是否想到其他解決的方法？例如，用的材料如果變更，是不是可以達到降低成本的目的？我只是根據『現有的，不一定都是好的』這句名言提出我的看法。」

「變更材料」！杜爾奈握著信，激動地站了起來。

這是唯一可以試行的辦法，當時電線號牌都是鋁製的，價格比較貴，如果能找到一種便宜的材料，能防水防火就行。

於是，杜爾奈一天到晚四處尋找這樣的材料，最初選中一種特製油紙，具有防火性能，價格也便宜，只是硬度不夠。他買來進行加工研究，經過試驗，硬度夠，防火性能也不錯，就是容易變形。他又重新加工，不想脆度又太大，容易折斷。最後，他捨棄油紙，改用一種韌性強的白皮紙，刷上一層透明膠，價格比鋁製號牌便宜三分之二的紙製號牌問世了。

杜爾奈把他的新產品拿去申請專利，獲得了五年專利權。

在五年專利期滿之前，杜爾奈的工廠擴大了兩倍，而且全部採用了自動化設備，資產很快達到一億美元以上。

一個小小的建議，竟使只念完小學的平庸無奇的人走上了坦途。從兩手空空發展成為一個擁有億萬資財的企業家，這是龍金尼．杜爾奈始料未及的。

【第4章】

臨機處置，相機而行

《孫子兵法》提出了五種情況的臨機處置方式，其中最著名的命題是「君命有所不受」，強調在瞬息萬變的戰場上，身為指揮官，必須有隨機應變的權力和能力。

陸遜從容退軍江東

魏軍等待陸遜來攻，卻久久不見陸遜的影子，待發覺上當，揮師急追時，陸遜全部人馬已平安撤走。能否根據敵情靈活應變，直接關係到勝負成敗。

三國時期，諸葛亮在五出祁山前，聯合東吳同時攻打曹魏。孫權派荊州牧陸遜和大將軍諸葛瑾率水軍向襄陽進攻，自己親率十萬大軍進至合肥南邊的巢湖口。

魏明帝曹叡一面派兵迎擊西蜀的軍隊，一面率大軍突襲巢湖口，射殺吳軍大將孫泰，擊潰吳軍。

諸葛瑾在途中聽說孫權已經退兵，急忙派使者送信給陸遜，建議他退兵。使者很快返回，告訴諸葛瑾：陸遜正與部將下圍棋，讀完信後，把信件放在一邊，又繼續下棋。

諸葛瑾又問陸遜部隊的情況，使者回答說：「陸遜的士兵們都在兩岸忙著種豆種菜，對魏軍的逼近並不在意。」

諸葛瑾不放心，親自坐船去見陸遜，對他說：「如今主公已經撤軍，魏軍必然全力以赴地來攻打我們，將軍不知有何妙計？」

陸遜道：「如今魏軍佔有絕對優勢，又是挾大勝之威，我軍出戰，絕難取勝，自然只有撤退一條路可走了。」

諸葛瑾道：「既然要撤，為何還按兵不動？」

陸遜回答：「敵強我弱，我軍一退，敵人勢必掩殺過來，那種混亂局面，不是你我能控制的。我的想法是這樣……」

陸遜摒退左右，悄聲說出了一條計策，諸葛瑾聽後，讚歎不已。

諸葛瑾辭別後，陸遜從容地命令軍隊離船上岸，向襄陽進發，並大肆宣揚：不攻下襄陽，誓不回兵。

魏軍聽說陸遜已棄船上岸，向襄陽開來，立刻調集人馬，準備在襄陽城外迎戰吳軍。一些將領對陸遜是否眞的進攻提出質疑，但魏軍統帥早已接到密探的報告，說陸遜的部隊在兩岸種豆種菜，毫無撤退之意，魏軍因而全力備戰，準備給陸遜毀滅性的打擊。

陸遜率大隊人馬向襄陽挺進，行至中途，突然下令停止前進，改後隊爲前隊，疾速向諸葛瑾的水軍駐地撤退。諸葛瑾離開陸遜回到水軍大營後，早已把撤退的船隻準備妥當，陸遜的將士一登上船，一艘艘戰船立即滿載將士揚帆駛返江東。

魏軍等待陸遜來攻，卻久久不見吳軍的影子，待發覺上當，揮師急追時，陸遜全部人馬已平安撤走，魏軍追至江邊，只好望江興歎。

能否根據敵情靈活應變，直接關係到勝負成敗。

史達林遇變不驚

史達林淡然處之的態度，使他在這場小小的鬥法中略勝一籌。事實上，史達林從會場返回住所後，立即指示國內加快第一顆原子彈的試驗工作。

一九四五年七月十七日到八月二日，蘇、美、英三國首腦聚集，舉行波茨坦會議。那時，美國總統羅斯福已經去世，由杜魯門繼任。就在會議前夕，美國在新墨西哥州試爆了第一顆原子彈。

杜魯門聽了美國軍方關於原子彈爆炸試驗成功的彙報以後，趾高氣揚地走進會場。與會的英國首相邱吉爾悄悄向人說：「杜魯門好像變了一個人，以強硬堅定的姿態，堅持了反對俄國的立場。」

杜魯門還是那個杜魯門，可是為什麼一夜之間竟變成另一個人了呢？

原因很簡單，既然美國有了核武器，他這個美國總統也就可以在國際會議取得主導優勢。然而，杜魯門在波茨坦會議上使用這張王牌，試探一下史達林的反應，結果並不如預期。

據杜魯門回憶，一九四五年七月二十四日，當他在會場上故意向史達林提到「一種破壞力特別巨大的新武器」時，他和邱吉爾兩人密切注視著史達林的表情，結果大失所望：「史達林並沒有表現出異乎尋常的反應。」

史達林在這一點表現得很聰明，淡然處之的態度，使他在這場小小的鬥法中略勝一籌。事實上，史達林對這件事極為重視，從會場返回住所後，立即把這件事告訴外交部長莫洛托夫，並指示國內加快第一顆原子彈的試驗工作。

四年之後，蘇聯也有了這種「新武器」。

史達林鎮定自若，遇變不驚，並未因為原子彈而在這場會議中屈居下風，展現了強國領袖深沉的一面。

柴契爾化敵為友

統治者胸懷寬廣，才能不同立場、黨派的人歸服。領導統御的最高原則，要最大限度地發揮自己的影響力，虛懷若谷既是重要行事作風，又是謀略手段。

一九七五年，柴契爾夫人當選英國保守黨領袖後，立即把目標瞄準唐寧街十號的首相官邸。但是，剛剛結束的競選鬥爭中，柴契爾夫人與前黨魁希思兩軍對壘，裂痕頗深，保守黨的內部團結受到了嚴重損害。

在英國想當首相，必須是一個政黨的黨魁，因此，黨內的奪魁鬥爭一向十分激烈。爭奪各方常常撕破臉，竭盡排斥、貶低和打擊之能事。柴契爾夫人不贊成希思的政策主張，先是支持基斯．約瑟和希思競選，繼而又親自向希思挑戰，使希思感到她有意與自己作對，心中大爲不快。

在競選期間，希思的人馬故意打出「我支持雜貨商，但不支持他的女兒」的口號，把柴契爾夫人的家世翻出來，作爲攻擊目標。這種做法，讓柴契爾夫人十分氣惱，雙方的對立情緒一度達到空前的程度。

柴契爾夫人當選後，意識到爲了團結全部力量參加首相大選，必須彌合與失敗者的裂痕，穩定自己的後院。希思在黨內追隨者不少，勢力不能小視，沒有他的支持與合作，要戰勝執政的工黨，有相當大困難。

柴契爾夫人爲了獲得希思一派的支持，主動地捐棄前嫌，表現出虛懷若谷、不念舊惡的器量。

她獲勝後的第一個行動就是去拜會希思，熱情地邀請他參加她領導下的影子內閣，但希思一口回絕。她並不灰心，第二個行動是請希思手下的總督導員懷特洛出任保守黨副領袖，懷特洛接受了邀請。由於柴契爾夫人的做法符合許多保守黨人的期待，得到了廣泛的支援。

接著，柴契爾夫人於一九七六年十月的保守黨年會上，再次主動發出和解的信號。她在講話中讚揚希思過去的政績，在政策主張上做了一些調整、修補，又採納了希思的一些觀點，使兩派在對內對外政策上明顯接近。

在這種情況下，希思也發表了對柴契爾夫人「完全相信」，支持影子內閣的內外政策聲明。至此，柴契爾夫人在黨內的領袖地位終於確立，為登上首相寶座奠定了必不可少的基礎。

統治者胸懷寬廣，才能使不同立場、黨派的人歸服。領導統御的最高原則，要最大限度地發揮自己的影響力，虛懷若谷既是重要行事作風，又是謀略手段。寬容大度必能感召部屬，贏得人心。

柴契爾夫人的做法，展現了一個優秀政治家的素質和風度。

坎貝爾當選加拿大總理

坎貝爾當選總理，令西方政壇和整個世界為之一驚。坎貝爾在關鍵時刻能夠沉著冷靜分析當時的局面，做出有利於自己的選擇，實屬政治家中的佼佼者。

加拿大前總理坎貝爾於一九八五年步入政壇，當時的總理馬爾羅尼慧眼識英才，將她提升爲司法部長兼總檢察長。

坎貝爾上任伊始就誇下海口，指出她作爲司法部長的所作所爲，將讓世人永遠銘記。人們還來不及對坎貝爾的大話做出評論，坎貝爾已經連續實施了三項重大決定：保證公民和政府之間的關係公平合理、採取各種措施加強社會保護、吸收各種新思想。

在坎貝爾積極主張和推動下，政府通過了嚴厲的反強姦法和槍枝管理法，嚴肅處理了多樁棘手案件。

坎貝爾從此令人刮目相看！

坎貝爾的雷厲風行及強硬作風深得總理馬爾羅尼讚賞，一九九三年一月，馬爾羅尼任命她為國防部長。

由一位與軍隊素無淵源、連一點軍事常識也不懂的女人統帥三軍，這在加拿大，乃至整個北約軍事組織，都是史無前例的。不過，坎貝爾以自己的行動消除了人們對她的懷疑：重新研究削減防務預算計劃；購買五十架英、義合作生產的直升機，加強加拿大空軍力量。

坎貝爾的名聲與日俱增。正在這時，在任已達九年之久的總理馬爾羅尼宣佈要辭去總理一職，由新人來領導加拿大。坎貝爾覺得時機到了，公開宣佈：「我已經成熟，具備幹練、冷靜、圓滑的個性，完全能夠勝任總理職務。」

坎貝爾充分利用了自己幾年來的光輝政績，大力宣揚對自己有利的諸多因素。例如，在過去的二十四年中，出任加拿大總理的都是魁北克省人，許多人希望能有一位非魁北克人出任，坎貝爾正是這樣的人選。

又如，美國新任總統柯林頓上台後大刮「變革」之風，許多加拿大人也希望國內發生「變革」，坎貝爾一直被視爲新一代的代表，充分展現了「新形象、新時代、新性別」。

儘管如此，坎貝爾仍絲毫不敢懈怠，告誡自己：「對於競選，絕不能頭腦發熱，這一點很重要，許多人都栽在這上面。」

一九九三年六月十三日，坎貝爾終於以五十二．七％的選票當選總理，令西方政壇和整個世界爲之一驚。

坎貝爾在關鍵時刻能夠沉著冷靜分析當時的局面，做出有利於自己的選擇，實屬政治家中的佼佼者。

巴頓巧施「高壓電休克療法」

巴頓認為要把一群「烏合之眾」錘煉成無堅不摧的戰爭機器，「殘酷無情」是必須的。「高壓電休克療法」收效十分明顯，第二軍很快恢復了信心和勇氣。

一九四三年二月，德國非洲遠征軍統帥、號稱「沙漠之狐」的隆美爾在突尼斯戰場發動「卡塞林山口戰役」，重創美、法部隊，僅美軍就傷亡三千多人，被俘三七〇〇人。

世界為之震動，紛紛抨擊美軍的戰鬥素質太差，難以勝任大規模戰鬥。

喬治．史密斯．巴頓將軍在這種背景下走馬上任，接管了士氣低落的美國第二軍。巴頓心中知道，要恢復這支敗軍的信心和勇氣，絕不是一件容易的事。

美國第二軍戰敗後，紀律鬆弛，軍容不整，巴頓決定從嚴格作息時間抓起。

巴頓到任後的第二天，按作息規定準時到食堂就餐的，只有他和參謀長兩個人。巴頓命令立即開飯，接著發佈命令：「從明天起，全體人員必須準時吃飯，半小時就餐完畢。」

巴頓又發佈強制性「著裝令」：在戰區內，所有軍人都必須戴鋼盔、繫領帶、打綁腿，違令者，軍官罰五十美元，士兵罰二十五美元。但是，發佈命令後，違紀現象仍不斷出現。

巴頓親自帶領執勤隊四處巡視，將違紀者強制集中訓話，命令他們「要嘛交罰款，要嘛送軍事法庭，並記入檔案」。

違紀者只好自認倒楣，乖乖認罪。

巴頓認爲要把一群「烏合之衆」錘煉成無堅不摧的戰爭機器，「殘酷無情」是必須的。他向全軍將士鼓吹他的軍事思想：「最堅固的鐵甲和最穩固的防禦就是進攻、進攻、再進攻！」

他每天乘坐吉普車到所轄的四個師發表演說，向官兵灌輸「爲人類進步事業獻身」思想，足跡跑遍了全軍各個營。向官兵們演說後，巴頓又順便檢查各師、各營執行軍紀情況。

巴頓的檢查工作認眞到連廁所也不肯放過，因爲上廁所是官兵們最容易忘記戴鋼盔的時候。

巴頓的這種「高壓電休克療法」雖然引起了一部分官兵的反感，但收效卻十分明顯。第二軍中，鬆鬆垮垮、拖拖拉拉的現象一掃而光，官兵們開始緊張起來，部隊恢復了鐵一樣的紀律和秩序。

後來出任第二軍副軍長、軍長的布萊德雷將軍曾對此寫道：「卡塞林戰役以前舒舒服服的日子結束了，一個艱苦的新階段已經開始……官兵們誰也不再懷疑：第二軍的老闆就是巴頓！」

恢復了嚴明軍紀的第二軍，很快恢復了信心和勇氣。一九四三年三月十七日，巴頓親自率領第一師向德軍佔據的加夫薩推進，部隊在滂沱大雨中前進了四十五英里，一舉攻克加夫薩。

第二天，第一師第一突擊營又以迅雷不及掩耳之勢攻克了蓋塔爾，德軍倉皇潰退。幾天後，曾在卡塞林山口戰役中重創美軍的德國第十裝甲師向美軍第一師發起猛烈的襲擊，美軍和英軍奮勇應戰，寸土不讓，摧毀德軍三十輛坦克，使德軍第十裝甲師無功而返。

一九四三年四月十六日，巴頓將軍奉命到摩洛哥負責制定進攻西西里的計劃，美國統帥部馬歇爾將軍對巴頓說：「你已經圓滿地完成了交付的任務，證明了我們對你的信任。」

卡洛斯沉著冷靜平息譁變

當權者應該做到臨變不驚，遇險不慌，沉著應變，斷絕對手亂中取勝的可能，採取迅速而周密的措施扭轉不利局勢，不給對手留有喘息和反撲的機會。

一九八一年二月二十三日下午六時許，當西班牙衆議院正在議會大廈舉行會議時，二百名荷槍實彈的民防軍官兵突然包圍了大廈。中校特赫羅．莫利納率領二十名士兵衝入會場，將全體閣員及各黨派主要領導人三百人扣爲人質。

與此同時，軍中極右分子遙相呼應，巴倫西亞地區的第三軍區司令米蘭斯．德爾博什中將宣佈戒嚴，並且派軍隊佔領了電台等部門，全國處於混亂之中。

在這嚴峻的局勢下，作爲國家穩定和民族團結象徵的卡洛斯國王，以過人的膽識沉著應變。

二十四日凌晨，國王親自出面向全國發表電視講話，以穩定人心，並以武裝部隊最高統帥的身份，命令參謀長聯席會議採取緊急措施平息譁變。

隨後，軍隊迅速進駐首都，保護電台、電視台及軍事要地。同時，憲兵及武裝員警部隊對政變分子進行反包圍。卡洛斯國王還命令各部副大臣成立臨時機構，會同軍警領導人共同制止議會大廈內事態的發展。一切反政變措施進行得有條不紊，頗富有成效。

這些措施果然很快奏效，形勢發生了巨大變化。軍方宣佈效忠國王，各大軍區紛紛致電國王，表示尊重憲法，維護民主，首都各界人士也舉行了聲勢浩大的示威遊行，反對政變。

在這種情況下，米蘭斯．德爾博什中將不得不撤銷戒嚴令。叛軍見大勢已去，只得在重兵圍困下宣佈投降。

這場由軍中極右翼分子預謀策劃的政變僅持續十八小時就破產了。兩天之內，參與策劃、指揮的二十多名軍人全部被捕並送交軍事法庭。國王親自主持了國防委員會特別會議，處理善後事宜。

在此之後，卡洛斯國王聲望大增，民主勢力得以加強。

大凡發動政變者，主要策略就是爭取在盡可能短的時間內造成局勢動盪，以混水摸魚、亂中奪權。

因而當權者首先應該做到臨變不驚，遇險不慌，沉著應變，穩定局勢，斷絕對手亂中取勝的可能。然後，採取迅速而周密的措施扭轉不利局勢，不給對手留有喘息和反撲的機會，並安排好善後事宜，以治待亂，以靜待譁。

【第5章】

權衡變通

將帥的主觀作用，對於戰爭結局有重大影響。將帥在指揮作戰時必須權衡利害、善於變通、因勢利導，儘量造成對本軍有利的態勢，而使敵軍陷於不利的境地。這樣，才能做到有備無患、有恃無恐。

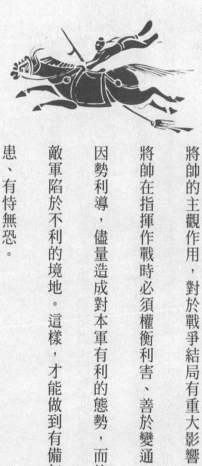

漢昭帝臨機有定見

身為領導，隨時都可能遇到下屬進讒陷害他人之事，此時能保持清醒的頭腦，冷靜剖析事理，不偏聽偏信，不輕易為他人左右，才是英明的領導。

霍光受命託孤後，忠心耿耿地輔佐漢昭帝，把國家大事處理得井井有條，威望日益增高。但是，霍光爲人耿直，做事不講情面，因此而得罪了另二位大臣上官桀、桑弘羊和蓋長公主等人。

這些人本來就嫉恨霍光，私欲無法得到滿足，更是恨透了他。正好當時燕王劉旦因爲自己沒能當上皇帝，也對霍光極爲不滿，上官桀等人就和劉旦勾結，設法除掉霍光。

漢昭帝十四歲那年，上官桀等趁著朝廷讓霍光休假，僞造了一封劉旦的書信，派人冒充使者，把信送到了漢昭帝手裡。

漢昭帝接到信一看，上面說：「大將軍霍光出去檢閱林軍，擅自擺出皇上專用的儀仗，吃皇上才能享用的飯菜，不守法度，耀武揚威。他還不經皇上批准，擅自往大將軍府增調校尉，這簡直是獨斷專行，沒把皇上放在眼裡！我擔心他有陰謀，對皇上不利。我願辭去王位，到宮裡保衛皇上，提防奸臣作亂。」

信送出之後，上官桀、桑弘羊等人只等漢昭帝一聲令下，就把霍光逮起來。然而，信到漢昭帝手中，卻石沉大海沒有動靜。

休完假之後，霍光去上朝，聽說了這件事，就等在偏殿等候發落。

漢昭帝上朝後，逡視衆臣，不見霍光，問道：「大將軍在哪兒？」

上官桀回答：「大將軍因爲被燕王告發，不敢進來。」

霍光被召入殿後，自己摘掉帽子，跪下磕頭請罪。漢昭帝說：「大將軍只管戴上帽子。我知道那封信是假的，你沒有罪。」

霍光問：「皇上怎麼知道的？」

漢昭帝說：「大將軍檢閱林軍是最近的事，增調校尉到現在也不到十天，燕王遠在北方，怎能這麼快就知道？再說，將軍如果要作亂，也不必依靠校尉呀。」

上官桀、桑弘羊等人和文武百官聽了，都大吃一驚，覺得這小皇帝年紀不大，卻真不簡單。

漢昭帝又說：「這事只要問問送信的人就可以弄明白，不過要是其中有鬼，他肯定逃跑了。」

左右侍衛連忙去找送信人，果然不見蹤影。漢昭帝馬上下令捉拿，還連連催問捉到了沒有。

上官桀等人列於朝中，兩股戰戰，無法挪步，勸漢昭帝：「這小事一樁，皇上就不必追究了。」

漢昭帝說：「這事還小嗎？」從此，對霍光更加信任。

上官桀等人不甘心，又在漢昭帝面前屢進讒言，說霍光的壞話。漢昭帝聽了十分生氣了，說道：「大將軍是位忠臣，先帝囑咐他輔佐我，誰敢再誣衊大將軍，我就辦誰的罪！」

上官桀等人看這法子行不通，就商量著讓蓋長公主出面請霍光喝酒，埋伏士兵把霍光殺了，然後廢了漢昭帝，立燕王劉旦爲帝。但這陰謀還沒來得及施行，就被漢昭帝和霍光發覺了。上官桀等人全被斬首示衆，以效儆尤，燕王劉旦和蓋長公主也只好自殺了。

身爲領導，隨時都可能遇到下屬進讒陷害他人之事，此時能保持清醒的頭腦，冷靜剖析事理，不偏聽偏信，不輕易爲他人左右，才是英明的領導。而要做到這一點，平時就必須多加鍛鍊，慢慢培養自己處理問題的能力。

旅館大王威爾遜的戰略眼光

企業的決策者第一需要的就是長遠的戰略眼光，能看到別人不能看到或者還沒有看到的商機，這樣就可捷足先登，為企業的發展打下久遠的基礎！

世界旅館大王、美國巨富威爾遜在創業初期，全部家當只有一台分期付款賒來的爆玉米花機，價值五十美元。

第二次世界大戰剛剛結束時，威爾遜做生意賺了點錢，便決定從事地產生意。當時幹這一行的人並不多，因爲戰後人們都比較窮，買地皮修房子、建商店、蓋工廠的人很少，地皮的價格很低。

聽說威爾遜要幹這種不賺錢的買賣，親朋好友都不看好。

但威爾遜卻堅持己見，認爲這些人的目光短淺。雖然戰爭使美國的經濟很不景氣，但美國是戰勝國，經濟很快會騰飛，到那時買地皮的人一定很多，地皮的價格一定日益上漲。

受到戰爭創傷的美國，地皮的價格眞的會上漲嗎？威爾遜會不會看走了眼？親友們都感到懷疑。

威爾遜用手頭的全部資金再加上一部分貸款，買下了市郊一塊很大但卻沒人要的荒地。這塊地由於地勢低窪，既不適宜耕種，也不適宜蓋房子，一直無人問津。可是，威爾遜親自到那裡看了兩次以後，竟以低價買下了這塊雜草叢生，一片荒涼之地。

事實正如威爾遜所料，三年之後，城市人口驟增，市區迅速發展，馬路一直修到了威爾遜那塊地的邊上。這時，大多數人們才發現，此地的風景實在宜人，寬闊的密西西比河從旁邊蜿蜒而過，大河兩岸樹木成蔭，是避暑的好地方。於是，這塊地皮馬上身價倍增，不少商人爭相高價購買。但威爾遜並不急於出手，心思眞讓人捉摸不透。

後來，威爾遜自己在這塊地皮上蓋了一座汽車旅館，命名爲「假日旅館」。假日旅館由於地理位置好，環境幽雅舒適，開業後遊客盈門，生意非常興隆。從此以後，威爾遜的假日旅館便像雨後春筍般出現在美國及世界其他地方，使自己的事業獲得了成功。

企業的決策者第一需要的就是長遠的戰略性眼光，能看到別人不能看到或者還沒有看到的商機，這樣就可捷足先登，爲企業的發展打下久遠的基礎！

郵戳會洩漏你的秘密

瑞拉被突如其來的打擊擊倒了，從昏厥中醒來，一眼又看到了掉在地上的信、信封，以及信封上的郵票。郵票上，清楚地印著腓力寄信所在地的郵局郵戳。

二戰期間，法國抵抗部隊的炮兵排長腓力對新婚不久的妻子瑞拉十分眷戀，每天都要給妻子寫上一封愛意綿綿的信。信末，腓力總是告誡妻子：千萬不要把他的行蹤告訴給別人，因爲敵人的間諜無孔不入。

瑞拉有一位女性友人名叫妮莎，腓力隨部隊出發之後，妮莎一有空就來陪伴瑞拉，兩人形如親姐妹，無所不談。不過，瑞拉把腓力的話記在心中，從不吐露腓力的行蹤。

妮莎是位集郵愛好者，有天把自己收集的郵票帶到瑞拉家中，請瑞拉品評。瑞拉從未見到過那麼多形形色色的漂亮郵票，讚不絕口。妮莎見瑞拉喜歡，就送給了她一些郵票。

漸漸地，瑞拉也喜歡上集郵，把腓力寄來的信一封封找出來，小心地裁下信封上的郵票，一張張放好在集郵冊中。

妮莎觀看後，著實誇獎了瑞拉一番。

從此，瑞拉對丈夫的來信更加期盼，因爲他的信不但送來柔情蜜意的問候，還給她的集郵冊增加一枚枚郵票。但是，過了一段時間，腓力的信中斷了，一連好多天，一封信也沒有來。

令瑞拉難過的是，妮莎也突然不再來看望她、陪伴她了。

終於，有一天，腓裡又來信了。瑞拉急忙撕開信封，那是一封沒有寫完的信，而且信紙上還帶有斑斑血跡。

信上寫道：「……眞是活見鬼了，最近半個月以來，不論我們轉移到什麼地方，德國人的炮彈就像長了眼睛似的能夠找到我們。我們的損失很慘重，我也負了重傷，現在……」

瑞拉被突如其來的打擊擊倒了。不知過了多久，她從昏厥中醒來，一眼又看到了掉在地上的信、信封，以及信封上的郵票。

瑞拉猛地坐起來，拾起信封，失聲驚叫：「上帝啊！……」

信封的郵票上，清楚地印著腓力寄信所在地的郵局郵戳。

瑞拉一切都明白了。

忽略小事情，使敵人有可乘之機，瑞拉的失察，使得法國部隊傷亡慘重。

胡雪巖借機生財

胡雪巖十分注重抓住生意場上稍縱即逝的機遇，從不讓財流擦肩而去。企業家要善於發現財源，善於覺察和把握市場變化，開拓屬於自己的財源。

胡雪巖做成的第一樁軍火生意，從某種意義上看，是撞上了適逢其時、恰在其地的大好機會。

當時，正值太平天國於南京開國之後全力向東南各省擴張之時，上海小刀會也乘勢起事，一方面江浙未失之地正積極籌辦團練，抵禦太平軍的進攻，另一方面，兩江總督以及江蘇巡撫也在想辦法調動兵力，試圖平息小刀會之亂。

戰事在即，自然需要大批軍火，而駐在上海的外國軍火商也開始向太平軍輸出軍火。一邊有人賣，一邊又有人買，軍火生意適逢其時。

當時，洋商大都集中在廣州、上海兩地，要與洋人談生意，自然在這兩個地方最爲方便。胡雪巖正是此時爲蠶絲生意來到上海，找到關係結識了在洋行做事的古應春，與洋人建立了聯繫。

此前在幫王有齡解決漕米調運的公務時，胡雪巖結識了漕幫首領尤五等人，與漕幫建立了兩相托靠的「鐵」關係，借助漕幫在內河航運上的勢力，軍火自上海運往杭州的安全也有了保障。

在這樁生意上，胡雪巖眞正是機緣巧合，兵法所說的天時、地利、人和，都讓他佔全了，於是他的第一樁軍火生意幾乎沒費多少周折就順利做成。

胡雪巖能在生意場上獲得成功，機遇、運氣扮演著一定程度作用。

商場上確實特別講究機會，一個生意人在商場上能不能獲得成功，要看客觀形勢是否提供成功的機遇。甚至一筆生意能夠成功，也要盡可能在合適的時間、合適的地點，選擇合適的方式進行。

身爲晚清著名的紅頂商人，胡雪巖十分注重抓住生意場上稍縱即逝的機遇，從不讓財流擦肩而去。

現代企業家應當以他爲榜樣，善於發現財源，善於覺察和把握市場變化，敢於針對出現的市場機遇，開拓屬於自己的財源。

李林甫口蜜腹劍

李林甫明裡甜言蜜語，背後橫插冷箭，不動聲色、不露痕跡地將自己的對手一一剪除，手段不可謂不絕。正是憑藉兩面手法，使他長期把持朝政。

唐玄宗時期的兵部侍郎盧絢是個才華橫溢、氣宇軒昂的人。有一天，盧絢騎馬從勤政樓前走過，正好被唐玄宗看見。唐玄宗目送盧絢很遠，口中不住誇讚。他身邊的「耳目」立即將此事告訴李林甫，李林甫擔心唐玄宗會提拔盧絢當宰相，就設計想改變唐玄宗對盧絢的印象。

他派人召來盧絢的兒子，裝出很親切的樣子說：「你父親在朝中很有威望，皇上想派他到交州、廣州一帶去當刺吏。他如果不想去的話，就給皇上上書，說自己年齡大了，以免被派到那麼遠的地方去。」

盧絢的兒子將李林甫的話轉告父親，盧絢怕被派到邊遠地方任職，就趕緊上書說自己年齡大了，已不堪重任。結果，唐玄宗罷去了他的兵部侍郎，派他到華州去當刺史。

尚書左丞嚴挺之滿腹經綸，因爲看不起李林甫的爲人，被貶到絳州去當太守。後來，唐玄宗想起這個人，就問李林甫：「嚴挺之現在在什麼地方？這個人可以提拔重用。」

李林甫馬上召來嚴挺之的弟弟說：「皇上要重用你哥哥，你想辦法讓你哥哥進京一趟，和皇上見一次面。」

嚴挺之的弟弟非常感激李林甫，馬上找來一張公文紙，寫上「患有中風，請求進京看病」交給李林甫。李林甫拿著這張紙去找唐玄宗，說道：「嚴挺之年齡大了，又患有中風病，就給他個閒職讓他去東都看病吧。」

唐玄宗不知眞假，感到十分遺憾，便照李林甫的意見辦了。嚴挺之糊裡糊塗地被免了官，去洛陽「看病」了。

大臣李適之很有才幹，被李林甫視爲競爭對手。有一天，李林甫見到李適之，對他說：「華山有金礦，如果開採出來，國家就會富足，可皇上還不知道這件事，你爲什麼不向皇上建議呢？」

李適之聽後覺得有道理，就向唐玄宗提出建議。唐玄宗聽了，就徵求李林甫的意見。李林甫一聽唐玄宗提起開採華山金礦，馬上裝作大吃一驚的樣子說：「這是誰的主意？我早就知道華山有金礦，但華山是事關陛下運勢的風水寶地，怎能隨便開採呢？」

唐玄宗崇信道教，對風水寶地很重視，覺得李林甫處處爲朝廷著想，而李適之則考慮問題不周，對李林甫更加信任，事事與他商量。李林甫知道李適之已失去了玄宗的信任，就誣陷他結幫謀反。

表面上看，李林甫對盧絢、嚴挺之、李適之甜言蜜語，關心備至，實際上「崖阱深阻」，暗藏圈套，不斷地算計別人。李林甫不僅背後陷人，還慣於利用別人的矛盾，玩弄拉一派打一派的手法來排斥異己。

戶部尚書裴寬，「素爲上所重」，李林甫怕他當上宰相，內心忌恨。刑部尚書裴敦復「平賊有功」，受到皇上的表彰，李林甫也忌憚他。正好二裴之間互有矛盾，李林甫便從中挑唆，使彼此的矛盾擴大，然後慫恿裴敦復去買通楊貴妃的姐姐，在皇上面前說裴寬的壞話，致使裴寬被貶爲睢陽太守。

接著，天寶四載，李林甫又採取明升暗降的手法，藉口裴敦復有戰功，奏請皇上讓他充任嶺南五府經略使。裴敦復稍稍遲疑，沒有及時赴任，又被李林甫反奏一狀，坐「逗留京師」，貶爲淄川太守。

就這樣，李林甫在不到一年的時間裡，就把裴寬和裴敦復鬥倒，阻止了他們入相的機會。

妒嫉成性的李林甫不僅注視朝廷官員升遷的動向，不斷加以排斥，還注意防止邊帥的競爭。天寶六載，他向玄宗進言：「文臣爲將，怯當矢石，不若用寒族胡人，胡人則勇決習戰，寒族則孤立無黨。陛下誠以恩洽其心，彼必能爲朝廷盡死。」

不難看出，這是李林甫別有用心的花招。少數民族將領不識漢文，駐邊領軍，才能再大，也不會入朝拜相，這樣就從根本上杜絕邊帥入相的路子，他自己的相位則可長保無虞。

玄宗皇帝不察其私心，竟聽信其言，選用安祿山之流，委以重兵駐守邊疆，結果遺患於天寶末年。

李林甫玩弄各種手段排賢、阻賢、壓賢，使許多賢能的人不能按照「常度」升遷，「雖奇才異行，不免終老常調」，得不到重用，才智得不到充分發揮。至於那些以「巧陷邪險」附會李林甫的陰佞小人，儘管平庸無能，卻大量被引薦，「超騰不次」，充塞在各個官僚機構內。

在李林甫的把持下，賢者匿，小人進，朝政日趨昏暗。

李林甫明裡甜言蜜語，背後橫插冷箭，不動聲色、不露痕跡地將自己的對手一一翦除，手段不可謂不絕。正是憑藉兩面手法，使他長期把持朝政。

「小西六」為何更名柯尼卡？

柯尼卡公司在各種傳播媒介上大登廣告，並使用一艘巨大的飛船，晝夜在東京上空和其他大城市上空飛行，巨大的「**Konic**」標誌不停變色、閃光。

在一九八六年以前，提到「櫻花」照相軟片、「優美」影印機，幾乎人人皆知，但是提到小西六公司，恐怕就很少有人知道了。實際上，「櫻花」軟片和「優美」影印機都是小西六公司的產品。

小西六公司的前身，是一八七三年開設的一家專門經營照相器材和石版器材的小商店。二十世紀初，小西六聘請法國技師開發出「櫻花」軟片和相紙。二次大戰後，小西六公司從市場需要出發，相繼推出「可攝佳」照相機、「優美」影印機、

「馬克拿庫斯」音響器材和錄影帶等，後來還把業務擴展到傳眞機、電腦輔助器材等領域。

但在小西六公司的發展過程中，始終有一個難題困擾著它，即產品品牌和公司名稱不統一，小西六公司本身的名字也不夠響亮，外國人不容易發音。民衆買軟片，知道「櫻花」品質不錯；買相機，知道「可攝佳」不錯，但很少能把它們與小西六公司聯繫起來。

這種情況讓公司每推出一種新產品，都要花大力氣去宣傳品牌，不像「松下」、「索尼」等公司那樣，只要顧客聽說是這些公司的新產品，就會放心去買。

一九七三年，小西六公司成立百年之際，高層領導最終下定決心，想改變產品和公司名稱脫勾的困境，並認爲這是事關公司發展的最重要任務。

雖然決心下了，計劃也拿了出來，但實際執行起來，卻發現問題要比事前估計的複雜得多。

有些產品，如「櫻花」軟片等，在國際上已有相當大名氣，忽然變更品牌名稱，顧客不會馬上接受，可能導致銷路下降，丟失一些市場。另外，經銷商若是堅持訂購某種牌子的產品，不接受新牌子的產品怎麼辦？

思前想後，公司的決策者們決定退一步，調整原訂計劃，走折衷道路，把「小西六照相器材股份有限公司」簡化為「小西六」；各種產品都統一使用新的商標標誌——兩個相對的月亮。

這次調整，效果甚微。到了一九八六年時，小西六公司總結經驗，權衡得失，再下決心，採取第二次行動，把公司的名稱改為「柯尼卡」，所有產品都統一使用「柯尼卡」。

啓用「柯尼卡」作為公司名稱和產品品牌有兩點考慮，一是「柯尼卡」與世界上最大的照相器材公司柯達發音十分相近，顧客容易把兩者聯繫起來。二是「柯尼卡」容易發音，使用任何一種語言的人都容易接受。

下定決心以後，柯尼卡公司開始全力以赴進行新招牌的宣傳工作，這次活動究竟花了多少錢，外界無從得知，但從活動的規模來看，是下了血本的。

柯尼卡公司在各種傳播媒介上大登廣告，並使用一艘巨大的飛船，晝夜在東京上空和其他大城市上空飛行，巨大的「Konic」標誌用九萬個發光二極體構成，不停變色、閃光。

柯尼卡公司還在東京、大阪等大城市的街頭上，向行人發送「柯尼卡」彩色軟片，同時還登門贈送。那些日子裡，公司電話鈴聲不斷，大都是詢問哪裡有「柯尼卡」軟片。

透過這次活動，「柯尼卡」逐漸被消費者熟悉，公司的知名度也大大提高，這些都給柯尼卡公司帶來了巨大利益。

善於權衡利弊，做到兩害相權擇其輕，是柯尼卡公司成功的根源。

【行軍篇】

【原文】

孫子曰：凡處軍、相敵：絕山依谷，視生處高，戰隆無登，此處山之軍也。絕水必遠水；客絕水而來，勿迎之於水內，令半濟而擊之，利；欲戰者，無附於水而迎客；視生處高，無迎水流，此處水上之軍也。絕斥澤，惟亟去無留；若交軍於斥澤之中，必依水草而背眾樹，此處斥澤之軍也。平陸處易而右背高，前死後生，此處平陸之軍也。凡此四軍之利，黃帝之所以勝四帝也。

凡軍好高而惡下，貴陽而賤陰，養生而處實，軍五百疾，是謂必勝。丘陵堤防，必處其陽而右背之。此兵之利，地之助也。上雨，水沫至，欲涉者，待其定也。凡地有絕澗、天井、天牢、天羅、天陷、天隙，必亟去之，勿近也。吾遠之，敵近之；吾迎之，敵背之。軍行有險阻、潢井、葭葦、山林、翳薈者，必謹復索之，此伏奸之所處也。敵近而靜者，恃其險也；遠而挑戰者，欲人之進也氣；其所居易者，利也；眾樹動者，來也；眾草多障者，疑也；鳥起者，伏也；獸駭者，覆也。塵高而銳者，車來也；卑而廣者，徒來也；散而條達者，樵采也；少而往來者，營軍也。

辭卑而益備者，進也；辭強而進驅者，退也；輕車先出居其側者，陳也；無約而請和者，謀也；奔走而陳兵車者，期也；半進半退者，誘也。杖而立者，饑也；汲而先飲者，渴也；見利而不進者，勞也。鳥集者，虛也；夜呼者，恐也；軍擾者，將不重也；旌旗動者，亂也；吏怒者，倦也；粟馬肉食，軍無懸缻，不返其舍者，窮寇也。諄諄翕翕，徐與人言者，失眾也；數賞者，窘也；數罰者，困也；先暴而後畏其眾者，不精之至也；來委謝者，欲休息也。兵怒而相迎，久而不合，又不相去，必謹察之。

兵非益多也，惟無武進，足以並力、料敵、取人而已；夫惟無慮而易敵者，必擒於人。

卒未親附而罰之則不服，不服則難用也；卒已親附而罰不行，則不可用也。故令之以文，齊之以武，是謂必取。令素行以教其民，則民服；令不素行以教其民，則民不服。令素行者，與眾相得也。

【注釋】

處軍：行軍、宿營、處置軍隊，即在各種不同地形條件下，軍隊行軍、作戰、駐紮諸方面的處置對策。處，處置、安頓、部署的意思。

相敵：相，觀察。相敵即爲觀察、判斷敵情。

絕山依谷：絕，越度、穿越。指通過山地，要傍依溪谷行進。

視生處高：視，看、審察，這裡是面向的意思。生，生處、生地，此處指向陽地帶。處高，即居高之意。視生處高，指面朝陽，居隆高之地。

戰隆無登：隆，高地。登，攀登。在隆高之地與敵作戰，不宜自下而上仰攻。

絕水必遠水：意謂橫渡江河，一定要在離江河稍遠處駐紮。

客：指敵軍，以下均同。

勿迎之於水內，令半濟而擊之：迎，迎擊。水內，水邊。濟，渡。半濟，指渡過一半。此句爲不要在敵軍剛到水邊時迎擊，而要讓敵軍渡到一半時發動攻擊。此時敵軍首尾不接，佇列混亂，攻之容易取勝。

無附於水而迎客：不要在挨近江河之處和敵人作戰。無，勿；附，靠近。

無迎水流：即勿居下游。指不要把軍隊駐紮在河下游，以防敵人決水、投毒。

絕斥澤：斥，鹽鹼地；澤，沼澤地。絕斥澤，即通過鹽鹼沼澤地帶。

惟亟去無留：惟，宜、應該。亟，急、迅速。去，離開。意思為遇到鹽鹼沼澤地帶，應當迅速離開，切莫停留駐軍。

若交軍於斥澤之中：如果在鹽鹼沼澤地帶與敵作戰。交軍，兩軍相交，指和敵軍交戰。

必依水草而背眾樹：指一定要依近水草並背靠樹林。依，依近。背，背靠。

平陸處易而右背高：指遇開闊地帶，也應選擇平坦之處安營，並把軍隊翼側部署在高地之前，以高地為倚托。平陸，開闊的平原地帶。易，平坦之地。右，指軍隊翼側。右背高，指軍隊翼側要後背高地以為依憑。

前死後生：即前低後高。生、死，此處指地勢高低，以高為生，以低為死。本句意謂在平原地帶作戰，也要做到背靠山險而面向平易。

四軍：指上述山地、江河、鹽鹼沼澤、平原四種地形條件下的處軍原則。

黃帝之所以勝四帝也：這就是黃帝所以能戰勝四方部族首領的緣由。黃帝是傳說中的漢族祖先，部族聯盟首領。傳說他曾敗炎帝於阪泉，誅蚩尤於涿鹿，北逐獯鬻（葷粥），統一了黃河流域。四帝，四方之帝，即周邊部族聯盟的首領，一般泛指炎帝、蚩尤等人。

好高而惡下：即喜歡高處而討厭低處。好，喜歡；惡，討厭。

貴陽賤陰：貴，重視。陽，向陽乾燥的地方。賤，輕視。陰，背陰潮濕的地方。句意爲看重向陽之處而卑視陰濕地帶。

養生而處實：指軍隊要選擇水草和糧食充足、物資供應方便的地域駐紮。養生，指水草豐盛、糧食充足，能使人馬得以休養生息。處實，指軍需物資供應便利。

必處其陽而右背之：指置軍於向陽之地並使其主要側翼背靠高地。

地之助：意謂得到地形的輔助。

上雨，水沫至，欲涉者，待其定也：上，指上游；沫，水上草木碎沫。涉，原意爲徒步涉水，這裡泛指渡水。定，指水勢平穩。

絕澗：指兩岸峭峻、水流其間的險惡地形。

天井：指四周高峻、中間低窪的地形。

天牢：牢，牢獄。天牢即山險環繞、易進難出的地形。

天羅：羅，羅網。指荊棘叢生，軍隊進入後如陷羅網無法擺脫的地形。

天陷：陷，陷阱。指地勢低窪、泥濘易陷的地帶。

天隙：隙，狹隙，指兩山之間狹窄難行的谷地。

吾遠之，敵近之；吾迎之，敵背之：意謂對於上述「絕澗」等「六害」地形，我們要遠離它，正對它，而讓敵軍去接近它，背靠它。

軍行有險阻：險阻，險山大川阻絕之地。

潢井：潢，積水池；井，指內澇積水、窪陷之地。潢井即指積水低窪之地。

葭葦：蘆葦，這裡泛指水草叢聚之地。

山林、翳薈：指山林森然，草木繁茂。

必謹復索之：一定要仔細、反覆地進行搜索。謹，謹慎。復，反覆。索，搜索、尋找。

此伏奸之所處也：指險阻、潢井等處往往是敵人伏兵或奸細的藏身之處。

其所居易者，利也：敵軍在平地上駐紮，是因爲有利於進退才這樣做。易，平易，指平地。

衆草多障者，疑也：在雜草叢生之處設下許多障礙，是企圖使我方迷惑。疑，使迷惑、使困疑之意。

鳥起者，伏也：鳥雀驚飛，是其下有著伏兵。伏，埋伏、伏兵。

獸駭者，覆也：野獸受驚奔跑，這是敵軍大舉襲來。駭，驚駭、受驚。覆，傾覆、覆沒之意，引申爲鋪天蓋地而來。

塵高而銳者，車來也：塵土高揚筆直上長，這是敵人兵車馳來。銳，銳直、筆直。車，兵車。

卑而廣者，徒來也：塵土低而寬廣，這是敵人的步兵開來。卑，低下。廣，寬廣。徒，步兵。

散而條達者，樵采也：塵土散漫而細長，時斷地續，這是敵人在砍薪伐柴。條達，指飛揚的塵土分散而細長。

少而往來者，營軍也：塵土稀少而此起彼落，是敵軍正在察看地形，準備安營紮寨。

辭卑而益備者，進也：敵人措辭謙卑恭順，同時又加強戰備，這表明敵人準備進犯。卑，卑謙、恭敬。益，增加、更加之意。

辭強而進驅者，退也：敵人措辭強硬，在行動上又示以馳驅進逼之姿態，這說明敵人準備後撤。

輕車先出居其側者，陳也：輕車，戰車。陳，同「陣」，即佈陣。句意爲戰車先出擺在側翼，是在布列陣勢。

無約而請和者，謀也：敵人還沒有陷入困境卻主動前來請和，其中必有陰謀。約，困屈、受制之意。

奔走而陳兵車者，期也：敵人急速奔走、擺開兵車陣勢的，是期求與我進行作戰。期，期求。

半進半退者，誘也：敵人似進不進，似退不退，是爲了誘我人其圈套。

杖而立者，饑也：言倚著兵器而站立，是饑餓的表現。杖，同「仗」，扶、倚仗的意思。

汲而先飲者，渴也：取水的人自己先喝，這是乾渴的表現。汲，汲水、打水。

見利而不進者，勞也：眼見有利可圖而軍隊不前進，說明敵軍已疲勞。

鳥集者，虛也：鳥雀群集敵營，表明敵營空虛無人。

夜呼者，恐也：軍卒夜間驚呼，這是敵軍驚恐不安的象徵。

軍擾者，將不重也：敵營驚擾紛亂，是因將領不夠持重的緣故。

旌旗動者，亂也：敵軍旗幟不停地搖動，表明敵人已經混亂了。

吏怒者，倦也：敵軍官煩躁易怒，表明士卒已疲倦，不聽指揮了。

粟馬食肉：粟，糧穀，這裡作動作詞用，意爲餵馬。粟馬食肉，拿糧食餵馬，殺牲口食肉。

軍無懸缻：缻，汲水用的罐子，泛指炊具。指敵軍已收拾起了炊具。

舍：指軍營。

諄諄翕翕：懇切和順的樣子。

徐與人言者：意思是語調和緩地和士卒商談。徐，緩緩溫和的樣子。人，此處指士卒。

數賞者，窘也：敵軍一再犒賞士卒，說明其處境窘迫。數，多次、反覆。窘，窘迫、困窘。

數罰者，困也：敵軍一再處罰士卒，表明其已經陷入困境。

先暴而後畏其眾者：指將帥開始對士卒粗暴，繼而又懼怕士卒者。

不精之至也：不精明到了極點。

委謝者：委派人質來賠禮的。謝，道歉、謝罪。

欲休息也：指敵人欲休兵息戰。

久而不合：合，指交戰，久而不合即久而不戰之意。

兵非益多也：兵員並不是越多越好、益多，即以多為益。

惟無武進：意為只是不要恃武冒進。惟，獨、只是。武進，恃勇輕進。

足以並力、料敵、取人而已：指能做到集中兵力、正確判斷敵情、爭取人心則足矣。並力，集中兵力。料敵，觀察判斷敵情。取人，爭取人心、善於用人。

無慮而易敵：沒有深謀遠慮又蔑視敵手。易，輕視、蔑視。

卒未親附而罰之則不服：在士卒還未親近依附之前就施用刑罰，士卒便會怨憤不服。

古令之以文，齊之以武：令，教育。文，指政治道義。齊，整飭、規範。武，指軍紀軍法。意思是用政治、道義來教育士卒，用軍紀軍法來統一、整飭部隊。

是謂必取：指用兵打仗一定能取勝。

令素行以教其民：令，法令規章。素，平常、平時。行，實行、執行。民，這裡指主要指士卒、軍隊。

令素行者，與眾相得也：意謂軍紀軍令平素能夠順利執行的，是因爲軍隊統帥同兵卒之間相處融洽。得，親和。相得，指關係融洽。

【譯文】

孫子說，凡是處置部署軍隊和觀察判斷敵情，都應該注意以下幾點。

通過山地，要靠近有水草的山谷，駐紮在居高向陽的地方，不要去仰攻敵人佔領了的高地，這是在山地部署機動軍隊的原則。

橫渡江河，必須在遠離江河處駐紮；敵人渡水來戰，不要在江河中予以迎擊，而要等對方渡過一半時再進行攻擊，這樣才有利。如果要和敵人決戰，不要緊挨水邊布兵列陣；在江河地帶駐紮，也應當居高向陽，不可面迎水流，這是在江河地帶部署處置軍隊的原則。

通過鹽鹼沼澤地帶，那就一定要靠近水草並背靠樹林，這是在鹽鹼沼澤地帶部署機動軍隊的原則。

在平原地帶要佔領平坦開闊地域，而側翼則應倚托高地，做到前低後高，這是在乎原地帶部署機動部隊的原則。

以上四種軍隊部署原則運用帶來的好處，正是黃帝之所以能戰勝其他「四帝」的原因。

在一般情況下駐軍，總是喜歡乾燥的高地，厭惡潮濕的注地，重視向陽之處，輕視陰濕之地，靠近水草地區，軍需供應充足，將士百病不生，這樣克敵制勝就有了保證。在丘陵堤防地域，必須佔領朝陽的一面，而把主要側翼背靠著它，這些對於用兵有利的措施，是利用地形作爲輔助條件的。

上游下雨漲水，洪水驟至，若想要涉水過河，得等待水流平穩後再過。凡是遇上絕澗、天井、天牢、天羅、天陷、天隙這六種地形，必須迅速離開，不要靠近。我軍遠遠離開它們，而讓敵人去接近它們；我軍應面向它們，而讓敵人去背靠它們。行軍過程中如遇到有險峻的隘路、湖沼、水網、蘆葦、山林和草木茂盛的地方，一定要謹慎地反覆搜索，這些都是敵人可能設下伏兵和隱藏奸細的地方。

敵人逼近而保持安靜，是倚仗佔領著險要的地形；敵人離我很遠而前來挑戰，是想引誘我軍進入圈套；敵人之所以駐紮在平坦地帶，是因爲這樣做有利可圖；許多樹林搖曳擺動，這是敵人隱蔽前來；草叢中有許多遮障物，這是故布疑陣；鳥雀驚飛，這是下面暗藏伏兵；野獸駭奔，這是敵人大舉突襲。塵土又高又尖，這是敵人的戰車馳來；塵土低而寬廣，這是敵人的步兵開來；塵土四散飛揚，這是敵人在砍伐柴薪；塵土稀薄而又時起時落，這是敵人正在結寨紮營。

敵人的使者措辭謙卑卻又加緊戰備，這是想要進攻；敵人使者措辭強硬而軍隊又做出前進姿態，這是準備撤退。敵人戰車先出動，部署在側翼，這是在布列陣勢；敵人尚未受挫而主動前來講和，必定有陰謀。敵人急速奔跑並擺開兵車列陣，是期待與我軍決戰；敵人半進半退，是企圖引誘我軍。

敵兵倚著兵器站立，這是饑餓的表現；敵兵打水的人自己先喝，這是乾渴缺水的表現；敵人明見有利而不進兵爭奪，這是疲勞的表現；敵軍營寨上方飛鳥集結，表明是座空營；敵人夜間驚慌叫喊，這是恐懼的表現；敵營驚擾紛亂，這表明敵將沒有威嚴；敵陣旗幟搖動不整齊，這說明敵人隊伍已經混亂；敵人軍官易怒煩躁，表明全軍已經疲倦；用糧食餵馬，殺牲口吃肉；收拾起炊具，不返回營寨，這是打算拼死突圍的窮寇。

敵將低聲下氣和部下講話，表明敵將失去人心；接連不斷地犒賞士卒，表明敵人已無計可施；反反覆覆地處罰部屬，表明敵軍處境困難。敵方將領先對部下兇暴，後又害怕部下，是最不精明的將領；敵人派遣使者前來送禮言好，這是敵人希冀休兵息戰。敵人逞怒與我對陣，可是久不交鋒而又不撤退，這就必須審慎地觀察對方的意圖。

兵力並不在於愈多愈好，只要不輕敵冒進，而能做到集中兵力、判明敵情、取得部下的信任和支持，也就足夠了。那種既無深謀遠慮而又輕敵的人，一定會被敵人所俘虜。

士卒還沒有親近依附就施行懲罰，那麼他們就會不服，不服就難以使用；士卒已經親附，而軍紀軍法仍得不到執行，那也無法用他們去作戰。所以，要用懷柔寬仁的手段去教育他們，用軍紀軍法去管束規範他們，這樣就必定會取得部下的敬畏和擁戴。

平素能嚴格貫徹命令，管教士卒，士卒就會養成服從的習慣；平素不重視嚴格貫徹命令，管教士卒，士卒就會養成不服從的習慣；平時命令能夠得到貫徹執行，這表明將帥同士卒之間相處融洽。

【第1章】

處軍原則

《行軍篇》提出在特殊地形條件下部隊的行軍和戰鬥方法，以及部隊宿營的原則。孫子主要談了四種地形情況：一是山地，二是江河，三是鹽鹼沼澤，四是平地。統兵將帥必須根據不同的地形條件，確定最佳的行軍宿營和接敵戰鬥的方法，儘量避開兇險之地，而使敵人陷於不利。

韓信背水列陣滅趙國

韓信指揮漢軍前後夾攻，趙軍兵敗如山倒。韓信在作戰地形的選擇上看似犯下兵家大忌，不留退路，實則是在特殊情況下，對特殊地形進行了神妙運用。

西元前二〇年，漢王劉邦派大將韓信率數萬人馬攻打趙國。趙王歇和趙軍統帥陳餘率二十萬兵馬集結在井陘口（今河北井陘山井陘關），準備迎擊韓信。

井陘口地勢險要，是韓信攻趙的必經之路。趙國謀士李左車向陳餘獻計道：「漢軍一路上勢如破竹、士氣高漲，但他們長途跋涉，必定糧草不足。井陘這個地方，車馬很難行走，漢軍走不上一百里路，糧草必然落在後面。我願意率三萬兵馬從小路截斷他的糧草，你再深挖溝、高築壘，堅守營寨，不與他們交戰。這樣，漢軍前不能戰，後不能退，不出十天，我們就能活捉韓信。」

陳餘是個書呆子，認爲自己兵力比韓信多十倍，打韓信猶如以石擊卵，因而沒有採納李左車的建議。

韓信探知陳餘不用李左車的計策，又驚又喜，率兵進入井陘狹道，在離井陘口三十里處下寨。到了半夜，韓信命令二千精兵每人帶一面紅旗，迂迴到趙軍大營的側後方埋伏下來；又派了一萬人馬當先鋒部隊，背著綿蔓水（流經井陘口東南）擺開陣勢。

陳餘見韓信沿河佈陣，放聲大笑，對部下說：「韓信徒有虛名，背水作戰，不留退路，這是自己找死！」

天亮之後，韓信命部下高擎漢軍大將旗號，率主力殺向井陘口，陳餘立刻下令出營迎戰。雙方廝殺多時，韓信佯作敗退，命令士兵抛下旗鼓，向河岸陣地退去。趙軍不知是計，認爲活捉韓信的時機已到，爭先恐後跑出大營追殺韓信。

這時，埋伏在趙營後面的漢軍乘虛而入，將營內的少許守敵殺光，拔掉趙軍旗子，換上了漢軍的紅旗。

韓信率漢軍退到背靠河水的陣地後，再無路可退，於是掉轉頭來，迎戰趙軍。漢軍置於死地，人人背水死戰。

趙軍的攻勢很快就被遏止，繼而由進攻轉為後撤。但是，趙軍將士立刻發現自己的大營已插滿了漢軍的紅旗，頓時軍心大亂，鬥志全無。韓信指揮漢軍前後夾攻，趙軍兵敗如山倒，二十萬大軍頃刻間灰飛煙滅，主帥陳餘被殺，趙王歇也成了漢軍的俘虜。

韓信在作戰地形的選擇上看似犯下兵家大忌，不留退路，實則是在特殊情況下，對特殊地形進行了神妙運用。

運用地利之便，才能增添勝算

精明的戰爭指導者，都十分重視對地形的考察，進攻可乘虛而入，防禦可憑險扼守。馬謖捨水上山，違背處軍原則，使自己處於不利境地，自然必敗無疑。

西元三七年，東漢將領馬援擔任隴西太守時，參狼羌（羌族的一個部落）叛亂，與塞外的其他部族一起殺掠邊民，當地治安和人民生活面臨威脅。馬援獲報，率四千餘名士兵前往平叛。

漢軍從隴西南下，進至氐道縣（今甘肅禮縣西北）境內之時，發現羌兵駐紮在山上。馬援立即指揮部隊佔領水草豐盛且地勢險要的谷地，採取圍而不打的戰法，迫使羌兵陷於困境。最後，除羌兵首領率部分羌人逃往塞外，其餘部族萬餘人全都向漢軍投降。

羌兵「不知依谷之利」，竟把兵力全部集中於山上，失去了賴以生存和作戰的水草，是失敗的一個重要原因。

西元二二八年春，諸葛亮率三十萬大軍第一次北伐。蜀軍初戰順利，不幾日，已進逼渭水西岸。魏將司馬懿率兵迎戰，派張郃爲先鋒直趨街亭。

街亭乃漢中咽喉，是兵家必爭之地。魏軍欲取街亭，意在截阻蜀軍進軍之路，斷其糧草之援。諸葛亮深知軍情嚴重，對參軍馬謖說：「街亭雖小，關係全局。倘若失守，我軍將全局潰敗。」

馬謖立下軍令狀，率二萬餘精兵去守街亭。

但馬謖率軍進抵街亭後，卻擅自違背了諸葛亮的調度，捨水上山，不據守山下的要塞。副將王平再三勸阻無效，只得領五千人馬離山十里紮下營寨。

魏軍來到街亭之後，見馬謖竟如此佈陣，立即下令截斷山上的水道，又發兵把馬謖困於山上。蜀軍用水困難，不攻自亂，又見魏軍滿山遍野，來勢兇猛，霎時軍心渙散。

王平見狀，發兵救援，無奈兵少力薄不能奏效。此時，魏軍又放火燒山，蜀軍大敗。街亭失守，諸葛亮被迫放棄北伐，撤回漢中。

馬謖捨水上山，違背了《孫子兵法》所說的處軍原則，使自己處於不利境地，自然必敗無疑。

精明的戰爭指導者，都十分重視對地形的考察，或察閱地圖、航空照相，或堆置沙盤、兵棋，或研究地方誌、遊記，或實地勘查，弄明白山的高度、走向、坡度，河的流向、流速、水深，道路的數量、品質、分佈，以及氣象、物產等，並充分加以利用。進攻可乘虛而入，防禦可憑險扼守，如此才能穩操勝券。

東西魏沙苑、渭曲之戰

東魏軍的失敗，在於恃眾貿然輕進。臨戰前，高歡及部將明知地形不利，易遭伏擊，依然輕率以對，違背孫子所說的處軍、相敵原則，最終導致失敗。

東晉時期，劉裕北伐滅南燕、後秦之後，於西元四二〇年六月迫晉恭帝讓位，自立爲帝，國號爲宋，史稱劉宋。劉宋政權佔領了中國黃河以南的大部分地區，北方則被鮮卑族拓跋氏建立的北魏政權佔領，形成南北對立局面。

西元五三四年，統一了中國北方的北魏分裂爲東魏和西魏兩個政權。西魏建都長安（今陝西西安），政權爲丞相宇文泰把持。東魏建都鄴城（今河北臨漳南），政權爲丞相高歡把持。

雙方政權爲吞併對方，進行過多次的戰爭，發生於西元五三七年的沙苑、渭曲之戰只是其中的一次。

在這次戰爭中，東魏出動二十萬大軍進攻西魏，西魏軍則以七千精騎迎戰。由於西魏軍統帥宇文泰在處軍相敵方面高出東魏高歡一籌，終於以弱勝強，贏得了這場戰爭的勝利。

東魏丞相高歡命大將高敖曹領兵三萬，自己親率主力二十萬，由太原、臨汾南下，從蒲阪（今山西永濟西）西渡黃河，進襲關中，從而拉開了沙苑、渭曲之戰的序幕。

西魏宇文泰得知高歡進犯的消息，決定盡全力阻止敵軍西進。他一面命大將王熊堅守華州（今陝西大荔），阻止魏軍西進，一面派人到各地徵調兵馬。高歡軍渡過黃河後，立即攻打華州城，然而華州城堅難攻，高歡便命軍隊在距華州北方三十餘里的許原屯駐。

宇文泰想主動出擊，攻打高歡，但部將們認爲，各地徵調的兵馬還未趕到，敵我兵力懸殊，還是暫不迎戰爲好。

宇文泰堅持己見，解釋說：「現在東魏軍遠道而來，首攻華州不下，便屯兵許原觀望，說明他們軍隊人數雖多，但沒戰鬥力，也沒有苦戰克敵的精神，我們趁他們立足未穩，地理不熟，趁機迎擊。如果讓其站穩腳根，繼續西進，逼近長安，那就會動搖人心，形勢對西魏將更爲不利。」

宇文泰的解釋打消了部將的疑慮，西魏軍抓緊做好北渡渭水的準備。九月底，西魏軍在渭水上搭好浮橋。宇文泰親率七千輕騎，攜帶三天的糧秣北渡渭水。十月一日，宇文泰進軍至距東魏軍六十里處的沙苑（今陝西大荔南）駐紮下來。

宇文泰在沙苑紮營後，立刻派人化裝成許原一帶的居民，潛入東魏兵營附近活動，偵察高歡軍隊的情況。經過偵察，宇文泰證實了自己的判斷。在人數對比上，敵軍確實強於自己，但東魏軍戰鬥力不強，而且驕縱輕敵。

這時，宇文泰部將李弼建議利用十里渭曲（渭河彎曲部分）沙丘起伏、沼澤縱橫、蘆葦叢生的有利地形，採取預先埋伏、佈設口袋、誘敵深入的伏擊之計，一舉消滅敵人。

這個建議正符合宇文泰出奇制勝的想法，於是，宇文泰決定利用渭曲複雜的地形環境打一場殲滅戰。

高歡聽說西魏軍已進至沙苑，便決定尋找宇文泰所率的西魏軍決戰。高歡取勝心切，未做認眞部署便從許原率兵前來交戰。西魏軍見敵軍出動，便依照先前的謀劃，在渭曲佈設了埋伏，並規定伏兵以擊鼓爲號，以突襲戰法圍殲東魏軍。

高歡軍行進至渭曲附近，大將解律羌舉見到渭曲沼澤、沙丘伏起，茂密的蘆葦縱橫於沼澤地深處，覺得葦深泥濘的地形不利野戰，便向高歡建議留下部分兵力在沙苑與西魏軍相持，另以精騎西襲長安。但高歡急於尋找宇文泰軍決戰，沒有同意他的意見。

高歡提出放火燒蘆葦，以火攻的辦法攻擊西魏軍。但是他的部將侯景提出異議說：「我們應當活捉宇文泰以示百姓，如果火燒蘆葦，把他一起燒死，屍體不好辨認，誰能相信呢？」

高歡的另一部將彭樂也附和說：「以我軍的兵力，幾乎是以十對一，還怕打不贏嗎？」

下屬盲目樂觀，高歡也自以爲勝券在握，放棄了火燒蘆葦的主張，下令揮軍前進，進入沼澤沙丘搜索宇文泰軍。

東魏軍自恃兵多勢衆，行軍混亂毫無戰鬥隊形。宇文泰待東魏軍進入伏擊圈後，擂鼓出擊。西魏軍從左右兩翼猛烈衝擊東魏軍，將其截爲數段。東魏軍遭到突襲，窮於應戰，自相踐踏；西魏軍趁勢拼死奮戰，殺東魏軍六千餘人，俘敵八萬。東魏軍大敗潰散，高歡逃至蒲津，渡河東撤。沙苑、渭曲之戰以西魏的勝利與東魏的大敗宣告結束。

從沙苑、渭曲戰役中，可以窺視出東、西魏軍在複雜地形條件下行軍作戰、處軍相敵方面的長短優劣。戰爭過程中，也可以看出，宇文泰在軍事部署及「處軍」、「相敵」方面，均深得兵法要領。

孫武在《孫子兵法·行軍篇》中提出，處軍的要領在於善於利用地形，將軍隊處置好，地形的選擇應於己有利而於敵不利；相敵的要領則在於正確地分析判斷敵情，在於善於透過敵軍的活動現象看到本質。

沙苑、渭曲之戰決戰前夕，宇文泰不爲東魏的兵勢嚇倒，還從高歡攻華州不下而屯兵許原的現象中，斷判東魏軍人多勢衆卻無戰鬥力，制定了伏擊制敵的計劃。爲了更準確地瞭解敵情，將敵軍引入伏擊圈，宇文泰派人化裝偵察，摸清了敵軍的基本情況，最後一舉擊敗敵軍。

東魏軍的失敗，一方面是由於驕傲輕敵，另一方面也在於恃衆貿然輕進。臨戰前，高歡及部將明知地形不利，易遭伏擊，依然輕率以對，違背孫子所說的處軍、相敵原則，最終導致失敗。

借波斯貓巧破敵軍

德軍炮兵營向墳地一帶進行地毯式轟擊，法軍旅指揮部還未查明是怎麼回事，就全部葬身彈火之中。善於抓住相敵時機，是德軍取勝的關鍵。

第二世界大戰期間，德、法兩軍形成對峙，雙方都企圖找到對方的指揮所，給予毀滅性的打擊，以奪取作戰的主動權。

有天，一名德軍作戰參謀用望遠鏡搜索法軍陣地，企圖發現蛛絲馬跡。作戰參謀緩緩地把望遠鏡對準了一片墳地，忽然發現一座墳頭上蹲著一隻可愛的波斯貓，正懶洋洋地曬太陽，不禁欣喜若狂。

一連四天，作戰參謀不動聲色地用望遠鏡對準著那片墳地，發現波斯貓每天都在八、九時出現在墳地上曬太陽，過了九點，就消失得無影無蹤。

作戰參謀思考之後，得出結論：墳地附近的地下隱蔽著法軍的指揮部。

他的理由是：這隻可愛的波斯貓絕非一般百姓家中的寵物，牠的主人必定不是等閒之輩，很可能是一位高級軍官。因爲中、下級軍官是不允許，也不可能攜帶這類寵物的。

此外，墳地附近並沒有村莊，波斯貓能到哪裡去呢？只能是去地下隱蔽的指揮部，牠的主人就在那裡。

作戰參謀將他的發現和判斷報告上呈給指揮部，德軍指揮部立刻集中六個炮兵營，向墳地一帶進行地毯式轟擊。德軍參謀的判斷完全正確，法軍的旅指揮部正設在那裡。在鋪天蓋地的炮火下，法軍旅指揮部的高級指揮官和士兵還未查明是怎麼回事，就全部葬身彈火之中。

善於抓住相敵時機，是孫子兵法強調的，也是德軍取勝的關鍵。

聽出話語裡暗藏的玄機

從旁人的暗示中獲取敵軍情況，這也是一種相敵之策。幸好蘇軍及時關閉了水閘，轟炸機群從尤利亞湖湖面起飛，終於摧毀了德軍的潛艇基地。

二戰時期，挪威北方海峽有一處德國潛艇秘密基地。由於該基地遠離蘇聯飛機航行距離，蘇聯的轟炸機飛不到那裡，德國潛艇四處出沒，橫行一時。

蘇聯空軍十分惱火，經過周密的偵察後，發現距德軍潛艇基地不遠的地方有一個位於森林和懸崖之間的湖泊，名叫尤利亞湖。隆冬季節，尤利亞湖結了一層厚厚的冰，可以充當臨時機場。

於是，蘇軍在尤利亞湖建立了一個指揮部，準備把轟炸機停泊在冰面上，補充汽油後再起飛去轟炸德軍潛艇基地。

爲了做到萬無一失，蘇聯空軍請來一位軍事工程師對尤利亞湖做安全係數測定。軍事工程師對尤利亞湖進行綜合測定，認爲沒有任何問題。完成了任務，工程師乘坐一架由一名女飛行員駕駛的聯絡機飛返大本營。不料，途中遭遇暴風雪，女飛行員只好返回尤利亞湖蘇軍指揮部。

由於能見度很差，女飛行員便在尤利亞湖的一個角落著陸，向指揮部發了一顆信號彈。但很久很久過去，仍無人前來接應，女飛行員和工程師只好走出飛機去尋找指揮部。

暴風雪中，女飛行員和工程師鬼使神差走入一座磨坊之中，磨坊中只有一個雙眼失明的老人和一個小姑娘。

當老人弄清楚女飛行員和工程師是俄國人時，情不自禁地說道：「這麼說來，皮利湖上的嗡嗡聲是你們的飛機了？」

女飛行員大吃一驚，「上帝啊，這不是尤利亞湖？」

原來，皮利湖與尤利亞湖是相鄰的兩個湖，中間有一處相連接，湖水相通。

老人告訴兩位客人，他是一位民歌手，專門收集各地的民歌，說著說著便從牆上摘下一把芬蘭琴，調好弦，用略帶嘶啞卻又熱情親切的聲音唱了起來。

老人唱的是一個有關皮利和尤利亞的民間故事，大意是：「皮利湖和尤利亞湖住著兩個水鬼，一個叫皮利，一個叫尤利亞。在漫漫嚴冬中，兩個水鬼無事可做，就用撲克牌賭博解悶，賭注是兩個湖中的魚。尤利亞運氣不好，輸光了所有的魚，但刺兒魚不肯到皮利那裡去，都躲入湖底。皮利一怒之下喝光了尤利亞湖的湖水，脹破了肚皮，死了。尤利亞坐在空空如也的湖底放聲大哭，一隻被魔鬼附體的兔子在冰面上亂蹦亂跳，湖面崩塌，把尤利亞壓死在冰塊中……」

老人的歌聲忽而高亢，忽而低沉，女飛行員和工程師聽入了迷。突然，老人的五指在琴弦上劃過，發出刺耳的聲音，把飛行員和工程師嚇了一跳。老人隨後用異樣的聲調唱道：「水鬼啊水鬼，賭博是禍水。聽歌的人啊，要學會動腦，太陽也會消失，冰面也會開裂……」

老人唱到這裡，老人的「孫女」突然打斷歌唱，用芬蘭話喊了一通，然後又若無其事地哈哈大笑開來。

工程師和女飛行員忽然醒悟，老人是不是在暗示湖面有危險？萬一冰面開裂……女飛行員向屋外看了一眼，驚異地發現皮利湖的出水口向著懸崖，如果打開水閘，皮利湖和尤利亞湖的水位就會迅速降底，湖水的冰面就會形成半懸空狀態……

屋中只有一副女人用的滑雪板，女飛行員立刻把工程師留下來，「借」了滑雪板飛馳而去。當尤利亞湖指揮部的蘇聯官兵根據女飛行員的指引趕到磨坊時，盲老人和他的「孫女」已不知去向，工程師背上挨了一刀，倒在雪地中。

水閘已被人打開，白嘩嘩的湖水向外狂湧……

從旁人的暗示中獲取敵軍情況，這也是一種相敵之策。原來，德軍的意圖是，等蘇聯飛機在尤利亞湖湖面上停降後，放掉湖水，毀掉機群。

幸好蘇軍及時關閉了水閘，轟炸機群從尤利亞湖湖面起飛，終於摧毀了德軍的潛艇基地。

靠筆跡破獲間諜案

從信件的簽名筆跡入手，是一個很好的相敵突破口，聯邦調查局比對入境申報單，然後順藤摸瓜搜捕，終於破獲這起間諜案。

一九四二年二月二十日，美國聯邦調查局截獲了一封信件，上面有紐約港內組成護航船隊的軍艦和貨船的詳細情報。聯邦調查局立刻判定：這是一名十分危險的敵人，必須儘快逮捕他！

首先，要確定罪犯的藏身之地。在往後的十天中，聯邦調查局又截獲了該敵特的第二、第三封信。爲此，調查局認爲，敵人就在紐約市內。一位有經驗的反間諜人員從敵人的信件中看到了某些眞實性的描寫，於是進一步確認，該間諜是一名空防人員。

紐約市有將近十萬名空防人員，聯邦調查局日以繼夜地對這些空防人員進行審查，將範圍縮小到八萬人。

四月十四日，調查局截獲了該敵特的第十二封信，信中有一段對往昔不勝懷念的內容：「……這裡已很暖和了，花兒含苞欲放。美麗的春天總是使我不斷地憶起我們在埃斯托利爾海灘上度過的美好時光……」

「埃斯托利爾？那是葡萄牙里斯本郊外的海濱避暑勝地！」聯邦調查局的情報人員興奮起來了。

調查局決定從信上簽名的筆跡入手，對從一九四一年春天以來由里斯本進入美國的每一個人進行審查。

一個又一個人，一個又一個晝夜，一張又一張入境填寫的海關申報單……終於，有一天，激動人心的時刻到了，一名探員發現了一張申報單上的簽名筆跡與間諜信上的簽名相似。

調查局把簽名拍照、放大，又請來筆跡專家進行鑑定，結論是：二者的筆跡出於同一人之手。

下一步的工作就容易了，查閱空防人員名單後，一九四三年六月二十七日，美國聯邦調查局將歐·弗·萊密茲逮捕歸案。他對自己的罪行供認不諱，依照反間諜法，被判處三十年徒刑。

從信件的簽名筆跡入手，這是一個很好的相敵突破口，聯邦調查局比對入境申報單，然後順藤摸瓜搜捕，終於破獲這起間諜案。

平型關大捷打破日軍神話

平型關戰役打破了日軍不可戰勝的神話。在此戰役中，林彪利用特殊地形地勢，和雨後道路泥濘的有利條件，使敵人的汽車、炮隊失去用武之地。

一九三七年八一三淞滬會戰後，日軍長驅直入。八路軍一一五師開赴華北敵後戰場對日作戰。

一一五師共一萬五千餘人，一九三七年九月十四日，師長林彪率先頭部隊進抵大營鎮，迅速查明了平型關地區的情況。

平型關是古長城的一處關隘，北接恆山餘脈，南連五台山，又有一條峽谷山道東至冀北，西達雁門，地勢異常險要。特別是從平型關山口至靈丘縣東河南鎮的古道，溝深路窄，兩側的高地有利於隱蔽部隊。

九月二十四日，部隊在突然來臨的暴風雨中，衝過水勢洶湧的山洪，進入伏擊地域。整個部署是：堵住兩頭，實施中間突擊，分割殲敵。

向平型關陣地進攻的日軍部隊是板垣征四郎率領的第五師團二十一旅兩個聯隊，共二千多人。板垣征四郎以驍勇善戰聞名，在日軍中享有盛名，進入華北以來勢如破竹，根本沒把中國軍隊放在眼中。

破曉時分，日軍乘坐百餘輛汽車緩緩駛入山溝，其後是騾馬炮隊，押陣的是少量騎兵部隊。剛下過暴雨，路面狹窄，又十分泥濘，日軍行至興莊到老爺廟一帶時，已全部進入埋伏圈後，林彪下達了攻擊命令。

一一五師居高臨下，手榴彈、迫擊炮彈落入日軍的汽車上、騾馬炮隊和敵群之中。訓練有素的日軍在短時間的驚惶之後，立即憑藉汽車、大炮和一切可利用的地形進行頑強抵抗，並率先搶佔了制高點老爺廟。

三四三旅旅長李天佑命令第三營不惜代價地奪取了老爺廟，日寇發起了一次次反擊，戰鬥空前的激烈、殘酷。

板垣爲解救被圍困的日軍，急調蔚縣、淶源的日軍火速增援平型關，被楊成武率的獨立團和騎兵營阻截在腰站。

激戰至下午一時，林彪下令向日寇的後衛部隊發起猛攻，日軍慌成一團，各部隊按預定計劃將日軍分割、圍殲。

下午四時，平型關大戰勝利結束。一一五師斃敵軍一千三百餘人，繳獲步槍一千餘把、機槍二十餘挺，擊毀汽車一百餘輛，繳獲馬車二十餘輛，以及大量其他的戰利品。

平型關戰役是八路軍東渡黃河後的首次大勝仗，打破了日軍「不可戰勝」的神話，也是中國軍隊抗戰以來令全世界刮目相看的第一次勝仗。

在此戰役中，林彪利用特殊地形地勢，和雨後道路泥濘的有利條件，使敵人的汽車、炮隊失去用武之地，因而大勝。

【第2章】

兵非貴益多

孫子認為，行軍作戰不在兵多，只要正確地掌握了「處軍」和「相敵」的原則和方法，就可立於不敗之地。相反的，如果不動腦筋、盲目輕敵，則必然招致失敗，甚至成為俘虜。

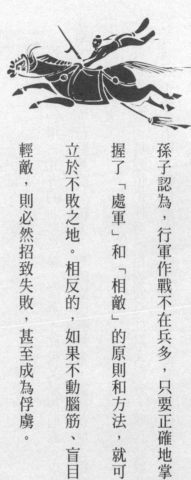

謝安淝水退前秦

前秦兵敗如山倒，苻堅倉皇北逃，一路上風聲鶴唳，九十萬大軍灰飛煙滅。淝水之戰是歷史上有名的一次以少勝多戰役，特點在於靈活用兵。

西元三七〇年，北方的前秦滅掉了前燕，此後又滅掉前涼，攻佔了東晉的襄陽等地。前秦國主苻堅認爲一統天下的時機已經到來，調徵各地人馬九十萬，向偏安南方的東晉殺來。

東晉孝武帝司馬曜慌忙任命丞相謝安爲征討大都督，率兵迎擊前秦軍隊。謝安胸有城府，臨危不懼，委任謝玄爲前鋒都督，並選派謝石代理征討大都督職責，指揮全軍作戰。

苻堅以絕對優勢的兵力一舉攻克淝水岸邊重鎮壽陽，隨後派降將朱序到晉營勸降。朱序在四年前與前秦作戰兵敗後迫不得已投降，回到晉營，不但不勸降，反而將前秦的兵力部署完完全全告訴晉軍。

謝石根據朱序提供的情報，派猛將劉牢之率精兵五千人強渡洛水，偷襲洛澗的前秦軍隊，殲敵一萬五千人，晉軍士氣大振。接著，謝石、謝玄指揮晉軍推進到淝水東岸，與前秦軍夾岸對峙。

苻堅人馬眾多，後勤補給困難，一心想速戰速決；東晉軍則擔心前秦的後續部隊與前軍會合，壓力會增大，也想乘勝擊敗前秦。於是，雙方約定秦軍稍稍後退，讓出一塊地方，讓晉軍渡過淝水，展開決戰。

苻堅的如意算盤是：待晉軍上岸立足未穩之機，以騎兵衝殺，把晉軍全殲。決戰開始前，苻堅命令淝水前沿的前秦軍隊稍稍後撤，讓晉軍過河。剛開始的時候，前秦軍還有秩序地後退，但片刻之後，跑的跑、奔的奔，人人唯恐落後，陣勢立刻大亂。

潛伏在後軍的朱序乘機指揮自己的部隊齊聲吶喊：「秦軍敗了！秦軍敗了！」

前軍不知虛實，以爲眞的敗了，假後退頓時變成了眞潰敗，成千上萬的士兵潮水般地向後湧去。苻堅的弟弟車騎大將軍苻融連殺數名後退的士兵，企圖阻止秦軍後退，然而卻無法遏止，反而連人帶馬被後退的人馬撞倒，死於亂軍之中。

謝石、謝玄看在眼裡，哪肯錯失千載難逢的好時機，立刻指揮八千騎兵率先殺入秦軍，後面的晉軍一擁而上，奮勇追殺。前秦兵敗如山倒，苻堅倉皇北逃，一路上風聲鶴唳，九十萬大軍灰飛煙滅。

前秦從此一蹶不振，沒過多久就滅亡了。

淝水之戰是歷史上有名的一次以少勝多戰役，特點在於靈活用兵。

辛棄疾率五百輕騎襲擒叛徒

辛棄疾帶領五百輕騎疾風般地衝人金軍大營，迅速把張安國捆綁上馬。《孫子兵法》所說：「兵非益多。」強調的是精兵作戰，發揮事半功倍的效果。

愛國詩人辛棄疾二十一歲時投奔農民領袖耿京領導的抗金起義軍。爲了與南宋朝廷取得聯繫，耿京派辛棄疾帶一支隊伍南下，去建康朝見宋高宗。

宋高宗接見了辛棄疾，讓他轉告耿京把隊伍帶到南方來，可是，當辛棄疾回到海州（今江蘇海連），忽然得知一個噩耗：耿京已被叛徒張安國殺死，張安國率義軍投降了金軍。

辛棄疾悲憤地說：「我們與耿大哥生死與共，共同抗金，如今耿大哥被賊人殺害，不爲他報仇，還有何面目活在人世間！」

隨辛棄疾同行的統制王世隆和義軍領袖馬全福也說：「我們奉皇上詔令見耿元帥，請他把隊伍帶到南方，如今隊伍已散，只有擒住張安國，方可向皇上覆命。」

但是，張安國已隨金國大軍北撤，辛棄疾身邊不過千餘人馬，要想從金國的千軍萬馬中活活擒住張安國，再帶出金營，談何容易？

辛棄疾道：「兵貴勇，不貴多。我們挑選一支精兵，千里奔襲，追上張安國。張安國在金軍大營中，肯定不會有任何戒備，金軍也絕對不會料到有人竟敢深入他們的軍營發起奇襲。這樣，定可一舉成功！」

王世隆、馬全福及義軍將領齊聲贊同。

辛棄疾立刻挑選輕騎五百，備足乾糧，日夜兼程，終於在濟州（今山東巨野縣）趕上了金軍大隊。

夜幕降臨，金軍營中一派安寧景象，張安國與金軍主將正在大帳中飲酒作樂。辛棄疾帶領五百輕騎疾風般衝入金軍大營，殺入大帳。金軍主將見勢不妙，慌忙扔下張安國，溜出大帳。

張安國則嚇得渾身發抖，不知所措，被辛棄疾一腳踢翻在地，輕騎隊員們迅速把他捆綁上馬。

辛棄疾一馬當先，殺開一條血路，率領五百輕騎追雲逐電般衝出金軍大營，消失在茫茫原野中。待金軍主將集合好人馬，氣勢洶洶地衝出大營時，早已不見辛棄疾等人的影子。

辛棄疾與五百輕騎押著張安國回到建康，將他交給朝廷，並向宋高宗稟報了耿京遇害經過。宋高宗下詔將叛徒張安國斬首示衆，爲耿京報了仇，又下詔封辛棄疾等大小義軍將領爲朝廷官員。

《孫子兵法》說：「兵非益多。」強調的是精兵作戰的思想，少而精的隊伍往往能發揮事半功倍的效果。

韓世忠單騎震萬敵

韓世忠單槍匹馬突然來到叛軍營內，叛軍大懼。韓世忠從容地下馬解鞍，吃完酒肉，叛軍看到韓世忠從容的氣度，全部請求投降。

韓世忠是南宋時代與岳飛齊名的抗金英雄，有一次奉命率所部人馬前去征討叛將李復。當時，叛軍人馬有幾萬，而韓世忠所部才不過一千，面對敵眾我寡的形勢，韓世忠依然鎮定從容，毫不畏懼。

當部隊追擊至臨淄河時，韓世忠把隊伍分成四隊，並佈設鐵蒺藜自堵歸路，通告全軍：「進則勝，退則死，逃命者後隊剿殺。」

於是，全軍將士拼命衝殺，一意向前，義無反顧，終於大破叛軍，李復也被殺於亂軍之中。

韓世忠乘勝率軍追至宿遷。這時，叛軍尚存萬人，正在飲酒作樂，韓世忠感到以千敵萬，取勝的把握不大，決定從心理上震撼敵人。然而，要在萬人面前使用心理戰術並非易事，必須出奇制勝才行。

問題是，要怎樣才能出奇制勝呢？

韓世忠選擇單槍匹馬一人於夜裡突然來到叛軍營內，呼喊道：「大軍已到，你們可速收兵卸甲，我可以保全你們的性命！」

叛軍大懼，向韓世忠跪進敬酒，韓世忠從容地下馬解鞍，吃完酒肉。叛軍看到韓世忠從容的氣度，全部請求投降。

單騎深入敵營，這是一種心理戰術，利用敵人的鬆懈、疑懼，在氣勢上壓住敵人，實在是以少勝多的經典之例。

德川家康巧用空城計

武田信玄讀過很多兵書，多疑多慮，謹慎有餘，果敢不足，德川家康正是利用對手的這種心理，大膽地擺設「空城計」，唬退武田信玄，化險為夷。

十六世紀日本戰國時期，軍閥德川家康與武田信玄之間發生火併。武田信玄連連得勝，德川的軍隊被打得丟盔卸甲，潰退至濱松城。武田信玄一路追擊，準備殲滅敵軍於濱松城內。

德川家康的軍隊已經喪失殆半，毫無鬥志，與武田信玄硬拼無異於以卵擊石，自取滅亡。在這千鈞一髮之際，德川不禁苦思該怎麼退敵呢？對手武田是個老謀深算又熟讀兵書之人，怎樣才能迷惑他？

武田信玄率領大軍追至濱松城下，只見濱松城內城門大開，裡頭火光通明，一片安寧祥和。

武田信玄是當時著名的軍事理論家，深諳《孫子兵法》，號稱「日本的孫武」。他一看便知德川家康在擺空城計，便想立即衝進城去，但轉念一想：德川明知道我能夠識破空城計，敢如此安排，其中必然有詐，必須愼重從事。

武田不敢貿然進城，把軍隊安紮在城外，進行偵查。

很快，探子回報，德川的三千後備部隊正接近濱松。武田更加確信自己的判斷，認爲城內必有衆多伏兵，始終沒敢攻進城去。不久，武田信玄便因勞累過度，加之露宿郊野，得肺病死去了。

其實，德川家康確實是在擺空城計。

當時，他已無路可走，這是最後一招了。

當然，德川採用這一招數也不是毫無根據的冒險。他深知武田信玄讀過很多兵書，然而兵書讀得太多，反而會多疑多慮，謹愼有餘，果敢不足，遇到違反常態的事情，會猶疑、觀望，不敢輕舉妄動。

德川家康正是利用對手的這種心理，才大膽地擺設了「空城計」，從而唬退武田信玄大軍，化險爲夷。

聰明反被聰明誤，本來騙術用於莽夫身上比較容易，但有時用在聰明人身上，也會有不錯的效果，只要稍加用心就可能得逞。

垃圾也可以變成金

矽谷的各家公司廢料垃圾中含有許多價值不菲的稀有金屬，市政府通過對垃圾的焚化處理，提取了大量金、銀、銅、錫等金屬，解決了自己的財政難題。

美國帕洛俄托市位於矽谷之中，與那些矽谷大公司相比，市政府的財政收入簡直是九牛一毛。爲了增加收入，市政府絞盡了腦汁，想找出一個解決財政困難的萬全之策。

後來，市政府終於想出了個掙大錢的妙法。政府沒有增加稅收，也沒有參與企業經營，而是派出了大批清潔工到各家公司收集下水道中的汙物垃圾，並美其名爲「重整垃圾運動」。

對市政府的這項活動，各公司非常歡迎，熱情地派人幫助清潔工們清理下水道，並答應替市政府負擔此項活動的全部費用。

如此清理了三個冬天，市政府宣稱這項「重整垃圾運動」取得了巨大成功，已從中獲得了一百五十萬美元的收入。民衆聽到這消息大爲吃驚。那些被清理過管道的公司也都深感疑惑，以爲清潔工在清理垃圾時做了什麼手腳，紛紛盤點、檢查，以防出現漏洞。

其實，市政府不可能做手腳，所做的只是把收集來的垃圾送到焚化處理廠。

原來，矽谷的各家公司大都生產電子產品，有些廢料沖入下水道中。這些廢料垃圾中含有許多價值不菲的稀有金屬。市政府在一次例行檢查中，發現了其中的奧妙，於是秘密派人到各大公司探查核實，著手準備來一次「地下大掃蕩」。

就這樣，市政府通過對垃圾的焚化處理，提取了大量金、銀、銅、錫等金屬，解決了自己的財政難題。

有時，財富就在我們身邊，只是我們缺少發現的眼光，當我們爲自己一無所有而苦惱時，是不是應該擦亮一下自己的眼睛？

閃電出擊才能謀取利益

蘋果電腦公司能迅速崛起的秘訣，在於「抓住稍縱即逝的發展良機，瞄準其他電腦公司遺漏的「盲區」，閃電般地向市場推出個人電腦，從而大獲其利。

一九八二年，在美國《富比士》雜誌上所列的全美五百大企業的名單上，赫然躍出一名新秀——蘋果電腦公司。這家名列第四一一位的公司，創立年僅五年，是美國五百大公司中最年輕的。

一年之後，奇蹟再次發生，《富比士》雜誌再次公佈全美五百大公司的排位時，年輕的蘋果電腦公司一舉躍到第二十九位，營業額達九十八億美元，員工人數爲四千六百人，讓美國企業界對它刮目相看。

蘋果電腦公司的確令人感到驚奇，發展速度太快了。在它第一次躋身五百大企業排行榜的五年前，還是一家只有兩人的車庫公司。這兩位年輕人分別是二十一歲的史蒂夫．賈伯斯和二十六歲的斯蒂芬．沃茲奈克。

當時，美國許多電腦生產廠家，都把研製和生產的重點放在大型電腦上。被譽爲「巨人」的國際商用機器公司IBM是世界上最大的電腦製造商，業務範圍涉及政府、商業、國防、科學、宇航、教育、醫學和日常生活的各個領域。可是，這麼一家久負盛名的大公司，直到一九八一年，竟然沒有一台個人電腦上市。雖然當時微型電腦已在美國市場上出現，但大都供工程師、科學家和電腦程式設計師使用，還沒有普及，普通家庭很少購買。

一九七四年，賈伯斯和沃茲奈克研製出個人電腦。他們瞄準機會，在大公司都忙著製造大型電腦的時候，將注意力集中到個人電腦上，決定開闢一條新路。創業伊始，困難重重，既缺乏資金，又沒有工作場所。他們賣掉了自己心愛的汽車和電腦，在車庫裡工作。他們弄來廉價零件，利用業餘時間苦幹，終於在一九七六年成功製造出一台家用電腦，命名爲「蘋果一號」。

當他們把這台電腦拿到俱樂部去展示時，立刻吸引了不少電腦迷，一下子收到了五十台訂單。

爲了生產這五十台電腦，他們跟幾家電子供應商談妥，以三十天的期限向電子供應商們賒欠零件費用，結果在二十九天之內就裝配了一百台家用電腦。他們用五十台電腦換取現金，償還了供應商的借款。

從此，他們的訂單源源不斷地飛來。於是，他們想成立一家公司，專門生產個人電腦。這個想法得到了投資家馬古拉的支持，投資九十一萬美元。美國商業銀行也貸給了他們二十五萬美元的資金。這樣，一九七七年，「蘋果電腦公司」正式宣告成立。

公司成立後，他們又開始網羅各方面的人才，進一步研製和改良家用電腦，陸續向市場推出個人電腦新產品。蘋果電腦公司的產品問世後，迎合了美國大衆的需要，銷路非常好。人們迫不及待地想買一部電腦，蘋果電腦銷量與日俱增。

一九八一年，蘋果電腦公司生產的個人電腦佔據了美國市場總銷售量的四十一%。暢銷書《矽谷熱》對蘋果電腦公司發跡和崛起的速度極爲讚歎：「一家公司只用了五年時間就進入美國五百強企業之列，這還是有史以來的第一次。」

當時，ＩＢＭ對蘋果公司不屑一顧，正好給蘋果電腦公司良好的發展機遇。後來，蘋果電腦的發展出乎ＩＢＭ的意料，又向市場推出了個人電腦網路系統，可以把眾多個人電腦及其周邊設備聯接起來，互相交換資訊。直到此時，ＩＢＭ才如夢初醒，不敢對這個電腦界的後起之秀等閒視之。

但是，良機已失。ＩＢＭ公司雖然財大氣粗，資金和技術雄厚，力圖後發制人，然而此時的蘋果電腦公司已今非昔比，毫無畏懼地積極應戰，始終在微電腦市場上保持二十六％的佔有率。

蘋果電腦能迅速崛起的秘訣，在於抓住稍縱即逝的發展良機，瞄準其他電腦公司遺漏的「盲區」，閃電般地向市場推出個人電腦，從而大獲其利。

不論什麼形式的競爭，都貴在速戰速勝，曠日持久的競爭只會使自己日益疲憊，銳氣受挫。

【第3章】

令之以文，齊之以武

孫子在〈行軍篇〉中提出「令之以文，齊之以武」的領導統御原則，即用「文」的手段懷柔和安撫部下，用「武」的手段管束士兵。恩威並施，剛柔相濟，這樣就能做到上下一心、步調一致，成為必勝之軍。

郭威殺愛將重振軍紀

郭威斬殺愛將李審，軍紀才得以維護。《孫子兵法》提倡「愛卒如子」，但不是一味地放縱，鬆散軍紀，郭威若不是及時改變做法，必然遭到慘敗。

五代十國時，後漢爆發了李守貞、趙思綰、王景崇沆瀣一氣的「三鎮之亂」，後漢朝廷派大將郭威統兵征伐。

郭威出征前向老太師馮道請教治軍之策，馮道說：「李守貞是員老將，他所依靠的是士卒歸心，如果你能重賞將士，定然能打敗他。」

郭威率兵進抵李守貞盤踞的河中城（今山西永濟縣蒲州鎮）外，斷絕了河中城與外界的聯繫，想以長期圍困的方法，逼迫李守貞投降。遵照馮道的教誨，郭威對部下有功即賞，將士受傷患病即去探望，犯了錯誤也不加懲罰。時間長了，馮道之法果然贏得了軍心，但卻滋長了姑息養奸之風。

李守貞陷入重圍，幾次想向西突圍與趙思綰取得聯繫，都被郭威擊退，幾乎一籌莫展。有一天，李守貞偶然聽到將士們在議論郭威治軍的事情，眉頭一皺，想出一條計策。

他讓一批精明的將士扮作平民百姓，潛出河中城，在郭威駐軍營地附近開設了數家酒店，酒店不僅價格低廉，甚至可以賒欠。

郭威的士卒們三五成群到酒店喝酒，經常喝得酩酊大醉，將領們卻不加約束。李守貞見妙計奏效，悄悄地派遣部將王繼勳率千餘精兵，乘夜色潛入河西後漢軍大營，發動突襲。

後漢軍毫無戒備，巡邏騎兵都喝得不省人事，王繼勳一度得手。

郭威從夢中驚醒，急忙遣將增援，但將士們你看我、我看你，竟畏縮不前。危急中，裨將李韜捨命衝出，眾將士才鼓足勇氣跟了上去。王繼勳兵力太少，功虧一簣，退回河中城。

這一次突襲爲郭威敲響了警鐘，使他痛感軍紀鬆弛的危險，於是下令：「如果不是犒賞宴飲，所有將士不得私自飲酒，違者軍法論處。」

誰知，軍令剛剛頒佈，第二天清早，郭威的愛將李審就違令飲酒。郭威又氣又恨，思索再三，還是令人將李審推出營門斬首示衆，以正軍法。

衆將士見郭威斬殺愛將李審，放縱之心才有所收斂，軍紀才得以維護。不久，郭威向河中城發起攻擊，一舉平定李守貞，又平定了趙思綰和王景崇，「三鎮之亂」終於結束。

《孫子兵法》提倡「愛卒如子」，但不是一味地放縱，鬆散軍紀，郭威若不是及時改變做法，必然遭到慘敗。

巴頓將軍血戰洛林

巴頓的治軍高明之處不僅在於善於體恤下屬，而且能夠嚴格實行軍紀管制，使每一位官兵始終鬥志昂揚，這是士氣的核心所在。

喬治．史密斯．巴頓是第二次世界大戰中美軍的傑出將領，陸軍四星上將。

巴頓將軍治軍甚嚴，但同時又十分體恤和關懷自己的下屬。他瞭解官兵對家屬信件的關心，爲此部隊專設了一輛郵遞專車，總是及時地把郵件送到每一名官兵手中。他對於部隊的伙食、換季服裝、健康狀況總要親自過問，也總是喜歡在白天上前線視察。他這麼說：「應該讓士兵們經常看到指揮官奔赴前線，而不要讓他們看見他在撤回後方。」

一九四四年九月，美軍統帥部命令巴頓的第三集團軍向法蘭克福挺進。但德國已在前面布下了六十三個師，其中有十五個裝甲師和裝甲步兵師，而且利用法國遺留下來的邊境要塞和馬奇諾防線作爲防禦戰線。

進攻行動異常艱難，巴頓如何扭轉不利形勢，重創德國軍隊的呢？

九月五日，第三集團軍的進攻嚴重受挫。三天後，德軍突然發起反攻，激戰了半天多，德軍的進攻才被遏制住，雙方的拉鋸戰打了半個多月。九月三十日，希耶河以東的第十二軍第三十五師在德軍攻擊下，陣地岌岌可危，師長請求將部隊撤到希耶河西。

巴頓大發雷霆，坐上輕型飛機，冒著槍林彈雨飛抵第十二軍司令部，宣佈取消撤退命令：「第三十五師必須與陣地共存亡，不能後退半步！」

下完命令，巴頓又急速趕到第六裝甲師司令部，親自組織部隊發起反攻。結果，第三十五師不僅保住了陣地，還向前推進了五英里。

進入十月份，天氣一天比一天冷，由於美軍兵力有限，德軍火力猛烈，官兵只好在淒風苦雨中堅守陣地。部隊中，非戰鬥性減員大增，厭戰、思鄉、士氣不振如同瘟疫一般在各部隊中蔓延。

但是，巴頓的第三集團軍是個例外。十月下旬，巴頓的外甥因公來到第三集團軍，所遇到的每一個人都保持著「標準的軍人姿態」：鬍子刮得溜光，頭戴鋼盔，繫領帶，打綁腿，皮靴擦得亮錚錚的。

十一月份後，天空連降暴雨，面對美軍的進攻，德軍利用堅固的工事和暴雨造成的有利形勢頑強抵抗，但巴頓仍以不屈不撓的精神，指揮第三集團軍攻克德軍最堅固的要塞梅斯。此後，巴頓戰勝了惡劣的氣候和複雜的地形，迫使德軍從摩澤爾河、尼德河、薩爾河的防禦陣地後撤。

十一月二十五日，巴頓將軍在梅斯城檢閱了攻佔梅斯城的英雄部隊。一個多月以來，巴頓的第三集團軍收復了八七三座城鎮。

巴頓的治軍高明之處不僅在於善於體恤下屬，而且能夠嚴格實行軍紀管制，使每一位官兵始終鬥志昂揚，這是士氣的核心所在。

布萊克從嚴治軍

教範制定後，英軍在戰鬥中發揮出色，一次次大敗荷蘭艦隊。嚴肅軍紀，可以提高部隊戰鬥力，英國艦隊總司令布萊克正是深諳此道，最終取得勝利。

十七世紀中葉，英國與荷蘭爲了爭奪海上霸權，爆發一系列海戰。第一次戰爭，由海軍上將布萊克擔任英軍艦隊總司令。戰爭初期，雙方互有勝負，但是在一六五二年十二月的鄧傑尼斯海戰中，英國遭到慘重失敗。

戰鬥中反映出英國海軍存在紀律鬆懈、號令不一、貪生怕死、隊形混亂和行動失調等一系列問題。布萊克總結了經驗教訓之後，認爲要取得戰爭勝利，必須通過軍事改革嚴格建設英國海軍。

為了建立嚴明的紀律，布萊克制定了皇家海軍紀律條令。紀律條令共有三十九條規定，適用於任何等級的人員，但首先是針對軍官，尤其是艦長。內容包括：艦長和軍官應以身作則，和水兵一起英勇作戰，不得表現怯懦、臨敵逃跑等，違者處死……

「海軍紀律條令」對皇家海軍人員產生了深刻的影響。

為了建立統一的戰術思想、有序的協同動作和可行的信號系統，布萊克在一六五三年四月又制定了英海軍發展史上的兩個歷史性文件。

第一個文件命名為「航行中艦隊良好隊形教範」。它明確規定：艦長在航行和逆風時，不得隨意搶佔有利的順風位置，應保持隊形，並遵從上級指揮。它還規定了一套完整的聯絡信號，用火炮、旗語、燈光等工具，通知各艦航向、航行位置、以及停船、下錨、召集會議等事項。

「航行教範」規定綜合運用各種信號向戰艦傳達命令，這在海戰史上無疑是一個極其重要的開拓。

第二個文件命名為「戰鬥中艦隊良好隊形教範」。該教範第一次正式確立了縱隊戰術的思想，這在海軍戰術的發展史上，堪稱「是一個巨大的邁進」。

教範制定以後，英荷艦隊很快又重新開戰，英軍在戰鬥中發揮出色，一次次大敗荷蘭艦隊。到一六五四年四月，被徹底擊垮的荷蘭人被迫締結和約，第一次英荷戰爭以英國勝利告終。

嚴肅軍紀，可以提高部隊的戰鬥力，英國艦隊總司令布萊克正是深諳此道，最終取得了勝利。

管仲按貢獻發給俸祿

管仲考察其能力授以官職，按貢獻發給俸祿，是管理民眾的關鍵所在！這樣既有助於激發人的積極性和主動性，也可以排除寄生蟲。

春秋時期，齊國著名政治家管仲，提出在用人時應「以其所積者食之」，意思為應根據辦事者的才能和貢獻大小發給俸祿。

管仲說：「土地不開發耕種，就不能算是自己的土地；百姓不進行管理，就不能算是自己的臣民。管理老百姓，要根據他們的才能和貢獻大小發給俸祿供養，對這件事不能不慎重對待。」

怎樣實行「以其所積者食之」呢？

管仲說：「其積多者，其食多；其積寡者，其食寡；無積者，不食。」意思是：才德高、貢獻大的人，俸祿供給應該豐厚；才德平庸、貢獻小的人，俸祿供給應該微少；沒有貢獻的人，就不發給俸祿。

管仲認爲，假如對有貢獻的人不發給俸祿，那麼就會使他與上邊離心離德（則民離上）；對貢獻大的人發給的俸祿少，那麼就會使他不願意工作（則民不力）。對貢獻小的人發給的俸祿多，那麼就會使他變得狡猾奸詐（則民多詐）；對毫無貢獻的人無故發給俸祿，那麼就會使他得過且過、僥倖投機（則民偷幸）。

管仲指出，由於不能「以其所積者食之」，會出現「離上」、「不力」、「多詐」、「偷幸」的人，這些人「舉事不成，應亂不用」。意思是：這樣的人既不能把事情辦成功，更不能用來對付敵人。所以，他強調「察能授官，班祿賜予，使民之機也」，認爲考察能力授以官職，按貢獻發給俸祿，才是管理民眾的關鍵所在！

管仲的觀點按現在的說法就是：按勞取酬，這樣既有助於激發人的積極性和主動性，也可以排除寄生蟲。

戰國初期，齊威王即位之初，把治國的政事委託給卿大夫。但過了九年，國家治理得不夠好，諸侯都來侵略，於是齊威王親攬大權，對大臣親自考核。

他召見了即墨大夫，對他說：「自從上位於即墨後，譭謗你的話天天傳來。然而我派人到即墨去視察，看到田野開闢，百姓富足，官吏清閒無事，國家東部很安定。可見你從不賄賂我身邊的人，也不求他們爲你講好話！」

於是，齊威王用萬家的賦稅封賞給他。

齊威王又召見了阿邑大夫，對他說：「從你主管阿邑後，讚揚你的話天天報來。但我派人到阿邑去視察，看到田野不開闢，百姓受窮挨餓。從前趙國攻打鄄邑，你不去援救，衛國攻取薛陵時，你完全不知道。可見你是用了大量的錢財賄賂我身邊的人，求他們爲你說了不少好話。」

齊威王下令煮死了阿邑大夫，對身邊曾經接受賄賂爲阿邑大夫說好話的人，也予以嚴懲。

齊威王用人賞罰分明，獎優罰劣，使齊國實現了大治。後來，他出兵打敗了來犯的趙、衛、魏等國，稱王三十六年，比周圍其他國家都富強。

巴頓說服老上校

面對老上校的偏見，巴頓既不長篇大論地反駁，也不用命令的方式，而是要他乘上車看一看實際情況。很快，事實就把頑固的老上校說服了。

一九四三年三月的一天，艾森豪將軍命令巴頓接替弗雷登多爾將軍，前去指揮突尼斯的美國第二軍。

巴頓爲了整頓軍紀，發出了「頭盔上必須標明軍銜」的命令。然而，一名資深的老上校卻拒絕執行命令，認爲在頭盔上印上老鷹，等於向敵人提供射擊目標。由於他無視命令，許多軍官也不標明軍銜了。整個第二軍士兵身上穿著各式各樣的服裝，紀律十分鬆弛，見到長官既不敬禮，也不叫一聲長官。

巴頓先找到了這位老上校，老上校卻爭辯說：「我常到前線去，頭盔上標明軍銜，無疑爲敵人提供射擊靶子，如果我死了，就不能爲你和我的部隊服務了。」

巴頓聽後笑了笑說：「上校先生，上我的車，到前線看看，你就會發現，你的看法是不對的！」

一到前線，士兵們立刻認出車上的巴頓將軍，放下手中的工作向他立正敬禮，向他歡呼。這時老上校才發現，巴頓的頭盔、雙肩和領子兩旁，乃至吉普車上都標有二星標誌。

巴頓邊向士兵們還禮，邊對老上校說：「他們指望你來領導他們，但你不佩戴軍銜標誌，他們對你就視若無睹，你無法發揮領導作用。一名指揮官應在部隊前面指揮士兵，即使戰死也在所不辭。士兵們一定得知道誰是他們的指揮官，戴上你的軍銜標誌吧！」

老上校聽後，心悅誠服地說：「巴頓將軍，您說得對！我立即照辦。」

面對老上校的偏見，巴頓既不長篇大論地反駁，也不用命令的方式，而是要他乘上車看一看實際情況。很快，事實就把頑固的老上校說服了。

【第4章】

用兵八戒

孫子提出「用兵八戒」，即初戰中需要認真對待、慎重處理的八個問題。對於其中的一些原則，如歸師勿遏、圍師必闕、窮寇勿迫……等要具體分析，不可僵化地當作教條。

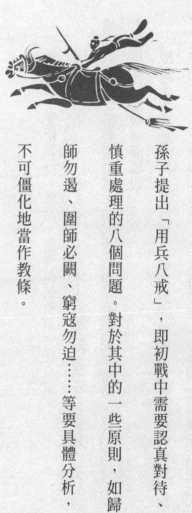

操之過急過於草率

光緒企圖借用袁世凱的武力先發制人，將慈禧囚禁起來，最後卻失敗了，只留下那顆變法圖強的火熱心腸讓後人惋惜、歎息。

光緒皇帝愛新覺羅．戴湉，是清朝倒數第二任皇帝。

同治十三年（一八七五年），年僅十九歲的同治皇帝病死，由於沒有嗣子，慈禧太后就選中醇親王奕譞年僅四歲的兒子戴湉繼承帝位，是爲清德宗，年號光緒，由慈禧太后繼續垂簾聽政。

醇親王奕譞是慈禧丈夫咸豐皇帝奕詝的弟弟，又是慈禧的妹婿。所以，戴湉既是慈禧的侄子，又是他的外甥，是當時皇族中與慈禧血緣關係最親近的人。慈禧挑選他為皇帝，可說是費盡心機。

光緒入宮後受到了良好的教育，他的老師是學識淵博、思想正直的翁同龢等大臣。光緒讀書非常用功刻苦，連慈禧也稱讚他「實在好學，坐立臥都誦書及詩」。到十多歲時，他就能寫出一手好文章，並提出「治世莫如愛民」的主張；在如何選用人才方面，也提出了「應該不拘資格，不講門第，惟賢是舉，惟賢而用」的看法。

光緒十三年（一八八七年），十六歲的光緒開始「親政」，但仍由慈禧太后「訓政」。光緒十五年（一八八九年），慈禧太后硬將自己的侄女隆裕嫁給光緒為皇后，「大婚」之後，慈禧宣佈「撤簾歸政」，但實際上仍牢牢抓著朝政大權不放。

中日甲午戰爭爆發後，特別是「馬關條約」簽訂後，中國面臨著被帝國主義列強瓜分的危機，以康有為、梁啓超為首的愛國知識份子首先站了起來，大聲疾呼變法圖強，在社會上產生極大的迴響。

在這種形勢的推動下，光緒帝決心採納康有為的主張，實施變法。

光緒二十四年（一八九八年）六月十一日，光緒帝頒佈「定國是詔」，宣佈實行變法。但是，這次變法只持續一百零三天，到九月二十一日，光緒帝即被慈禧太后囚禁，變法宣告失敗。

歷史上稱這次變法爲「百日維新」，又稱「戊戌變法」。

戊戌變法失敗的原因，在於不顧主客觀條件，急於求成。以下就具體分析一下：

第一，光緒本身沒有實權，在沒有實權的情況下，就急於大張旗鼓地推行變法改革，只是一種不切實際的幻想。

第二，光緒的變法班子太脆弱，不足以擔當領導全國維新變法的重任。

第三，變法的步驟太快、太急，既不考慮實際執行情況及能否執行，也不考慮當時社會各界的心理能否承受。

第四，不善於應付突發事變，遇到緊急情況驚慌失措，以致滿盤皆輸。

光緒帝的變法班底實在太年輕、太幼稚了。他們以爲有皇帝支持，就可以穩獲成功，遇到意外的情況，往往手足無措，不能採取有效的應急措施。

早在光緒發佈「定國是詔」的第四天，慈禧太后就採取了反擊行動，將光緒的得力助手翁同龢罷免，並調整了軍隊部署。這是一個危險的信號，但並未引起維新派的高度重視。

此外，在慈禧太后調兵包圍北京城的時候，光緒竟然全不知道，說明這個皇帝耳目多麼閉塞。

光緒在九月十六日召見袁世凱，表揚他辦理勤奮、練兵認眞，並提升他爲兵部侍郎候補。到了九月二十日，又召見袁世凱，暗示他與榮祿分道揚鑣，專門聽從皇帝調遣。

袁世凱是個兩面派，權衡了光緒和慈禧雙方的力量後，當天就向榮祿告密。榮祿大吃一驚，當夜就趕到北京頤和園，向慈禧太后告發。

九月二十一日清晨，慈禧帶兵入京，將光緒囚禁起來，又下令捉拿維新派人士，戊戌變法至此以失敗告終。

光緒在自身難保的情況下，仍關心康有爲等維新派的命運，想方設法讓他們免遭不幸，說明他是個有情有義的皇帝。

但是，把希望寄託在袁世凱身上，就顯得過於草率了。他對袁世凱並不瞭解，也沒有讓袁世凱做過什麼重要的事情。在這種情況下，竟勸他倒戈與慈禧作對，未免太不愼重了。結果，袁世凱告密的第二天，慈禧就發動宮廷政變，導致維新變法徹底失敗。

如果光緒和維新派形勢謹慎一些，不把希望寄託在袁世凱身上，或許事情還不至於那麼糟。

光緒企圖借用袁世凱的武力先發制人，將慈禧囚禁起來，最後卻失敗了，只留下那顆變法圖強的火熱心腸讓後人惋惜、歎息。

春申君利令智昏

春申君不相信李園會背叛自己，執迷不悟，不聽勸告。不明禍福，不信忠言，卻又利令智昏，做出不明之舉，必會自招禍患，春申君就是最好的例子。

春申君黃歇在楚國做了二十二年的令尹（相當於宰相），但楚考烈王因黃歇不能擊退秦軍，有些不信任他，君臣之間越來越疏遠。

黃歇的門客朱英進言，認爲根據秦楚之間的形勢，秦強楚弱，楚國應遷都壽春（今安徽壽縣）以避秦國鋒芒。朱英同時告誡春申君，應當馬上回到自己的封地吳縣（今江蘇蘇州），在那裡兼行令尹之事，方可免禍。春申君採納了他的意見，一方面遷都，一方面回自己的封地，果然平安無事。

當時，楚考烈王沒有兒子，春申君非常憂慮，爲他物色了許多善於生育的女子，可是仍然沒能生出兒子來。

某天，門客李園將妹妹李環帶來拜見春申君。春申君見她姿色不凡，立即將她收爲侍妾，不久李環就懷孕了。

李園和李環密謀，制定下一步行動計劃。一天晚上，李環找個機會對春申君說：「楚王非常寵信你，就是對他的兄弟也沒有待你這麼好。如今你做楚相二十多年，但大王無子，一旦去世，繼位的必然是他的兄弟。新君自然會重用他所喜歡的人，這樣你就不得寵了。再說，你長期掌權，對楚王的兄弟們多有得罪，他們若是繼位，你還會有殺身之禍呢。」

這一番話正中春申君的心病。李環看了看他的臉色後，大膽地接著說：「我現在已經懷上了你的孩子了。因爲時間還不長久，外表還看不出來。不如你將我獻給楚王，大王必定寵愛我，若有幸生下男孩，那你的兒子就是未來的國君，整個楚國都是你的了。」

春申君利令智昏，認爲這個辦法很妙，就把她推薦給楚王。後來，李環生了個兒子，被立爲太子，楚王就封她爲王后，並重用李園，李園的權力越來越大。

李園怕春申君洩漏秘密，暗中收養勇士，想殺他滅口。當時，有很多人都知道李園圖謀不軌，只有春申君蒙在鼓裡。

又過了幾年，楚考烈王生了重病。門客朱英對春申君說：「人生在世有不期而至的幸福，也有不期而至的災禍。現在你處在不期而至的世上，人生又有不期而至的喜怒，你怎麼能沒有不期而至的人幫助呢？」

這番頗似繞口令的話令春申君不明所以，問道：「什麼是不期而至的幸福？」

朱英回答說：「你在楚國當了二十多年令尹，名義上是相國，實際上無異於楚王。現在大王病重，早晚就要死去，你輔佐幼主，代替國君執掌國家大權，等到國君年長之後再將政權交給他，或者就乾脆自立爲國君，稱孤道寡也成。這不就是不期而至的幸福嗎？」

春申君又問：「什麼是不期而至的災禍？」

朱英說：「李園不能治理國家，卻是你的仇人；不會領兵打仗，卻收養死士。楚王死後，他必定先進宮奪取政權，並殺你滅口，這就是不期而至的災禍。」

春申君又問：「什麼是不期而至的人呢？」

朱英說：「您推薦我當郎中（執掌王宮護衛）。楚王死後，李園必定先來，我替你殺死李園，這就是不期而至的人。」

春申君不相信李園會背叛自己，就對朱英說：「你歇著去吧！李園是一個軟弱無能的傢伙，何況我對他有恩，他怎會幹出這種事？」

朱英見黃歇執迷不悟，不聽勸告，害怕災禍牽連上自己，就逃跑了。

十七天後，楚王病故。李園果眞先入宮廷，在宮門之內埋伏好勇士，令春申君入宮議事。春申君剛入宮門，就被那些勇士夾住刺死。李園下令將黃歇的頭砍下來扔到宮門外，接著又下令把春申君全家趕盡殺絕，然後立春申君的兒子爲王，就是楚幽王。

不明禍福，不信忠言，卻又利令智昏，做出不明之舉，必會自招禍患，春申君就是最好的例子。

希特勒的「颱風計劃」徹底失敗

德軍不僅要與越來越頑強的紅軍作戰，而且還要與爛泥搏鬥，大大削弱了德軍的戰鬥力。最後，「颱風計劃」徹底失敗。

「颱風計劃」是希特勒德國進攻莫斯科戰役的代號，導致這個計劃失敗的重要的原因，就在於希特勒專斷獨行。

一九四一年七月下旬，也就是「颱風計劃」實施之前，德軍最高統帥之間發生了嚴重分歧。以布勞奇和哈爾德爲首的陸軍總司令部堅決主張全力進攻莫斯科，希特勒對此則持反對意見。

希特勒認爲，當時的勢態有利於殲滅仍在堅守中的基輔東面、聶伯河東岸的蘇軍，並且他也希望打下北面的列寧格勒，與芬蘭軍隊會師，至於莫斯科，則可以等一等再說。

希特勒在一項指令中，對那些反對他的意見的陸軍元帥和將軍們進行了嚴厲批評，並在「反備忘錄」中罵他們是一批「腦袋已被過時理論弄得陳腐不堪」的人。於是，在希特勒粗暴而武斷的命令下，德軍從中路進攻莫斯科的部隊抽調了大批兵力增援北路和南路。

儘管希特勒攻陷了基輔，並取得了俘獲六十餘萬紅軍的重大勝利，然而一些將領對於他的戰略卻更加懷疑了。因爲在中路，德軍設有坦克部隊的集團軍兩個月來一直按兵不動。秋雨季節快來了，到時候蘇聯的道路將是一片泥濘，隨之而來的又將是冰天雪地的嚴冬。

事實證明，這種天氣因素很大程度上導致「颱風計劃」失敗。

到一九四一年九月三十日，希特勒發動「颱風計劃」時，雨季隨之來臨，汽車、大炮陷在爛泥之中。德軍不得不把正在打仗的坦克撤下來，前去拖拽它們，而空軍飛機也不能運送其他軍需品，只能去空投拖拽所用的一捆捆繩子。最後，連坦克也陷在爛泥之中動彈不得了。

就這樣，德軍不僅要與越來越頑強的紅軍作戰，而且還要與爛泥搏鬥，大大削弱了德軍的戰鬥力。最後，在蘇聯將領朱可夫指揮的大反攻中，宣告「颱風計劃」徹底失敗。

在這個歷史事實中，希特勒作爲德軍的最高統帥，不僅不聽取軍事參謀們的意見，而且還對他們採取粗暴、不信任和專斷的態度，使得布勞希奇元帥和哈爾德元帥等人不敢據理力爭，倫斯特元帥則「縱聲大笑」，根本不屑於提出反對意見。

由此看來，正是希特勒的粗暴、不信任和專斷導致了自己最後的失敗。

別在老虎頭上跳舞

吉溫這個一生都在夢想高官顯位的投機分子，最終並沒有實現出將入相的願望。吉溫是個十足的小人，在老虎頭上四處跳舞，最終導致殺身之禍。

唐玄宗天寶年間，李林甫、楊國忠、安祿山這三個亂世奸雄相繼登台表演。他們之間為了爭權奪利而明爭暗鬥、相互傾軋。一些卑劣小人乘時而出，在三奸勾心鬥爭的混戰中推波助瀾，加劇了大唐統治集團內部的矛盾，政爭日趨尖銳，政局日益混亂。

吉溫正是這些卑劣小人當中表現最為露骨，也最為醜惡的一個。

吉溫「早以嚴毒聞」，是個「性禁害，果於推劾」、手辣心狠的酷吏，而這又與他貪圖功名且急於求成的品性有直接的關係。正是由於他的功名之心太切、權勢之欲太強，才會淪落成一個不顧一切，不擇手段往上爬的官迷，成爲一個不問是非、見風使舵的小人。

吉溫一向有著「諂附貴宦，若子姓奉父兄」的臭名聲。天寶初年，吉溫擔任了萬年縣尉，大宦官高力士的私宅就在轄境之內。每次只要高力士回到家裡，吉溫必然親自前往拜謁探望，極盡殷勤。

高力士十分喜歡他，兩人「言謔甚洽，握手呼行第」，又「愛若親戚」。吉溫靠著高力士的關係，不僅化解了與頂頭上司、京兆尹蕭炅的舊怨，而且還被蕭炅「引爲曹官，薦之於林甫」。

後來，李林甫當權，一手遮天，吉溫選擇依附，和羅希奭一起扮演著李林甫的心腹親信與打手的角色。當時，李林甫「屢起大獄，誅逐貴臣，收張其勢」，吉溫、羅希奭二人治獄案，「皆隨林甫所欲深淺，鍛鍊成獄，無能自脫者。時人謂之羅鉗吉網」。靠了這樣的努力，李林甫很快就提拔吉溫做戶部郎中兼侍御史，對他「倚以爪牙」。

吉溫曾向李林甫表白忠心說：「若遇知己，南山白額虎不足縛也」。他以為，只要抱緊了李林甫的粗腿，出將入相乃是指日可待之事，豈料鞍前馬後辛苦了幾年卻官職依舊。

吉溫大失所望，既對李林甫不肯「超擢」自己而深懷怨恨，更為自己升遷太慢而憂心如焚，情急之下，便生出改換門庭、另尋靠山的念頭。

當時，楊國忠、李林甫二人「交惡若仇敵」，已成水火難容之勢，吉溫見楊國忠日益貴幸，步步高升，便毫不猶豫地「去林甫而附之」，成為楊國忠手下的一員戰將。

吉溫反水之後，立刻竭盡全力為楊國忠建功立業。他一面「教其取恩」，借唐玄宗之力壓迫李林甫，一面協助楊國忠四處搜尋證據，接連把蕭炅、宋渾等人治罪貶官，趕出京城，使李林甫喪失了心腹親信，元氣大傷。他還出面遊說安祿山與楊國忠聯手，誣告李林甫謀反。

他的這一番活動，很快就使李林甫在憂懣恐懼之中死去。由此，吉溫就成為楊國忠跟前的大紅人。

不過，吉溫這次投靠楊國忠可與上次依附李林甫不同，他一邊與楊國忠打得火熱，一邊又對安祿山頻送秋波，與安氏「約爲兄弟」，呼之爲「三兄」。

天寶十載，安祿山又加任河東節度使，安祿山奏請唐玄宗委任吉溫爲河東節度副使、知留後，「河東事悉以委之」。

吉溫腳踩兩隻船，本是出於狡兔三窟的考慮。但李林甫死後，楊國忠與安祿山之間的矛盾日益加劇，又形成不能兩立之勢。楊國忠爲了籠住吉溫，便將他召回京師，委以御史中丞的重任。

只不過，吉溫並不領情，以爲安祿山是楊貴妃的乾兒子，在唐玄宗面前又很受寵，加上重兵在握，將來一定能取代楊國忠。所以，他雖然表面上與楊國忠虛與委蛇，實際上卻成爲安祿山安插在朝廷中的耳目和密探，「朝廷動靜，輒報祿山，信宿而達」。

天寶十三載正月，安祿山入朝，爲了更好地發揮吉溫的內應作用，又奏請唐玄宗任命吉溫爲武部侍郎，兼御史中丞及四副使。楊國忠由此得知吉溫已經叛他而去，又惱又恨。

安祿山離京師不久，楊國忠就藉故將吉溫罷官，貶出京師。

天寶十四載正月九日，吉溫被楊國忠杖殺於獄中，這個一生都在夢想高官顯位的投機分子、跳樑小丑，最終並沒有實現出將入相的願望。

吉溫是個十足的小人，是非不分，反覆無常，每每見風使舵，老虎頭上四處跳舞，最終導致殺身之禍。

夫差淪為亡國之君

就在夫差意圖爭霸中原之時，經過二十年準備的越國，趁機殺進吳國。夫差不聽忠臣伍子胥的忠告，聽信佞言，狂妄自大，最終淪為亡國之君。

春秋末期，中原干戈紛紛，位於中國偏遠的東南地區，一直沒沒無聞的吳國乘勢崛起。

西元前四九六年，吳王闔閭與越王勾踐會戰，勾踐擊敗吳軍，闔閭受了刀傷，死在回軍的路上。吳王闔閭死後，其子夫差繼承了王位，任用足智多謀的老將伍子胥當相國，老臣伯嚭爲太宰，加緊操練兵馬，打定主意要用兩年的時間做準備，然後伐越，報殺父之仇。

兩年之後，夫差傾國內全部精兵，走水道直攻越國。越王勾踐驕傲輕敵，結果被吳軍打得大敗，幸好大夫范蠡獻計，向吳王求和，並暗中請吳國太宰伯嚭充當說客，才得以保全性命。

吳王夫差圍困越王勾踐於會稽山上後，本該一舉滅越，以除後患，可他聽信太宰伯嚭的讒言，允許越國求和，滿腦子想著越國的美女、財寶。伍子胥苦口相諫，曉以利害，夫差就是不聽。

越王勾踐夫婦及大夫范蠡到了吳國後，被安排在闔閭墳旁的石屋裡看馬。勾踐身穿破服，蓬頭垢面，整日不停地幹著，不說一句怨言，不露一絲怨恨。夫差看在眼裡，認爲越王已磨滅了復國之志，久而久之就不把勾踐夫婦當一般奴隸看待，加上伯嚭在一旁慫恿，想放他們回國，經伍子胥上諫才打消念頭。

不久，夫差鬧一場病，勾踐得知後託伯嚭傳話，想去看望夫差。夫差同意，勾踐到了夫差內房，親自送夫差大解，還把他的大便放在嘴內嚐了嚐，然後向夫差叩頭道喜，說他不日即會康復。

沒幾天，夫差果眞痊癒。這下，夫差大爲感動，決定讓勾踐回國。

吳王夫差五年（西元四九一年），夫差親自送勾踐一行離吳返國，絲毫不知此舉是放虎歸山。

勾踐歸國後，立即著手政治改革，採取了一系列富國強民措施，自己臥薪嚐膽，以示不忘在吳時所受的恥辱，同時繼續給夫差送美女迷惑對方。

吳王夫差得到美女西施後，整天花天酒地不理朝政，而且自認爲國富兵強，天下無敵，時時想北進中原，做一代霸主。七年後，夫差決定伐齊，伍子胥數次進諫，夫差都不聽。

伍子胥感到吳國已到了存亡的緊要關頭，決心強諫夫差先滅越國，再做其他圖謀。於是，伍子胥硬闖吳宮，對夫差諫道：「越國才是我們的心腹大患，今天大王不滅越國而去伐齊，這不是捨近患於不顧，而千里勞師去治那些不足道的小毛病嗎？」接著，伍子胥又指出，若不趕快滅越，「吳國遲早要爲越國所滅。」

夫差根本聽不進伍子胥的規勸，發兵攻齊，戰於艾陵，打敗了齊國，吳國也遭受巨大損失。

一天，吳王夫差在姑蘇台擺慶功宴，伍子胥未到，夫差命人去召來。

伍子胥到宴後，只是冷冷地站在一旁，以話相譏：「夫差獨斷專行，這是吳國要亡的先兆。」

夫差氣得臉色煞白，從侍衛那要過一把劍，扔到伍子胥跟前，令他自絕。伍子胥接劍在手，對天呼道：「昏君不聽諫，反賜老臣自盡，恐怕吳就要滅亡了。我死之後，你們可以把我的雙眼剜下，掛在城門上，我要親眼看著越國人是怎樣殺進吳都的。你們等著吧，用不上三年，吳國就要完了！」

說完，伍子胥壯烈自刎。

伍子胥死後不久，吳王夫差又傾全國兵力北上黃池，強迫幾個小國同意他做「盟主」。孰料，就在他躊躇滿志，意圖爭霸中原之時，經過二十年準備的越國，趁機殺進吳國，吳都危在旦夕。

消息傳到黃池，夫差星夜趕回吳國，國內已被越軍洗劫一空，積蓄的軍備物資喪失殆盡，只好放下盟主的架子向越國求和。此時，越國的力量還不足以消滅越國，便趁機向吳國勒索大量財物。

三年後，吳國遭到嚴重旱災，餓殍遍野，府庫、私倉都空空如也。越王勾踐認爲滅吳的時機已成熟，決定集全國力量與吳決戰。

兩軍會於笠澤（今江蘇蘇州市南），越王勾踐採用分兵之計，調開吳軍主力，然後大軍直撲夫差中央陣地，一戰成功，夫差逃脫後固守都城姑蘇。吳王夫差二十一年（西元前四七五年），姑蘇被圍。然而夫差仍整日尋歡作樂，以酒澆愁，以女色解悶，以殺人洩憤，最終被越國所滅。

曾經不可一世的夫差，不聽忠臣伍子胥的忠告，聽信佞言，狂妄自大，最終淪爲亡國之君。

紙上談兵只會全盤皆輸

戰爭必須考慮許多環節，並且根據戰場的實際狀況臨機應變。像趙括這樣只會讀死書，一味遵守教條的人，是指揮不了戰鬥的。

以紙上談兵聞名的趙括，是戰國時期趙國名將趙奢的兒子。趙奢智勇雙全，曾於西元前二七〇年，在閼與（今河北武安縣西）大破秦軍，被趙惠文王封為馬服君。趙括在趙奢的影響下，從小熟讀兵書，善談兵法，連趙奢也駁不倒他，於是便自以為天下無敵。

然而，趙奢卻不認為他是個將才。

趙括的母親詢問緣故，趙奢說：「戰爭是要置人於死地的大事，而括兒卻那麼輕率地談論戰爭。假使趙國不用括兒爲大將則罷，萬一用他爲大將，導致趙軍失敗的一定是他自己。」

西元前二六二年，秦國攻破韓國的野生（今河南沁陽），將韓國的上黨郡與本土隔絕。韓國迫於無奈，請趙國發兵取上黨十七縣，以與秦軍對抗。此時，趙奢已死，趙孝成王派大將廉頗駐守長平（今山西高平西北），抗拒秦軍。

廉頗執掌兵符後，採取築壁壘堅守的戰術，使強大的秦軍無懈可擊，結果兩軍相持三年，不分勝負。

趙孝成王對此頗爲不滿，責備廉頗怯敵不敢出戰。秦國乘機派人攜帶千金到趙國進行反間計，散佈謠言說：「秦國唯獨害怕馬服君的兒子趙括擔任大將了。廉頗很容易對付，很快就要投降了！」

趙孝成王果然中計，不聽宰相藺相如的勸諫，執意讓趙括前往長平取代廉頗，擔任趙軍大將。

趙括的母親聞訊後，急忙上書，說千萬不可任用趙括。趙王問爲什麼，趙母回答說：「趙括的父親當將軍時，很得軍心，大王及宗室賞賜給他的東西，都拿來分給部下軍吏士大夫；從接受命令之日起，就不再過問家事。而今趙括當上將軍，就趾高氣揚，軍吏無人敢仰視他；大王賞賜給他的金帛，都歸藏於家，並每天看有無便宜的田宅想去購買。大王認爲他像父親，其實他們父子兩人是不同的，希望大王不要派他去！」

趙王說：「妳不要說了，我已經決定了。」

趙母見無可挽回，又說：「既然如此，將來趙括若不有稱職的地方，我請求不要讓我隨他一起坐罪！」

趙孝成王答應了她。

趙括一到長平，完全改變了廉頗原來的安排，大舉出兵攻擊秦軍。秦王見趙國中計，就秘密任命能征善戰的白起爲上將軍，讓原來的大將王齡爲副將。白起到任後，設計將趙括引到秦軍壁壘前，又派奇兵斷絕趙軍的退路，將趙括的四十萬大軍圍困住。

趙軍在絕糧四十六天後徹底崩潰，趙括突圍不成，被秦軍射死。趙軍失去主將，軍心更亂，最後全部投降。白起爲了摧毀趙國的戰鬥力量，只放回了二百四十名年幼的戰俘，其餘全部活埋。

在趙括指揮下，長平一戰斷送了趙國四十多萬精銳大軍，使趙國元氣大傷，從此一蹶不振。

戰爭必須考慮許多環節，並且根據戰場的實際狀況臨機應變。像趙括這樣只會讀死書，一味遵守教條的人，是指揮不了戰鬥的。

日本八佰伴日本公司破產

八佰伴公司的破產是多種因素造成的，但主要原因還是在於經營戰略失敗。在資金不順暢時，又沒銀行的幫助，更促成了八佰伴破產解體。

一九九七年九月十八日，日本零售業巨頭八佰伴公司，向公司所在地靜岡縣地方法院提出公司更生法的申請。

這項行動，實際上等於向社會宣佈該公司破產。

八佰伴日本公司宣佈破產前的總負債額爲一六一三億日元（折合約十三億多美元）。這在戰後的日本還是第一次，同時也是日本百貨業界最大的一次破產事件，震撼了日本和亞洲。

八佰伴日本公司總經理和田光正在接受《經濟界》雜誌記者採訪時表示，公司破產的原因是先行投資過多。和田光正說：「當時，我認爲投資計劃是絕對沒有錯誤的。從結果來看，我想是因爲公司對日本和海外的經濟形勢及對自己企業的能力過於樂觀了。」

事實上，八佰伴在海外並沒有詳細周密的投資計劃。八〇年代後期和九〇年代初，「八佰伴日本」爲了快速擴展國際事業，趁著日本泡沫經濟的時機，在債券市場大量發行可轉換公司債券。這種籌資方法，雖然擺脫了從銀行取得資金的限制，卻也失去有效的財務監督，極易陷入債務膨脹的危機。

自一九九六年十一月之後，八佰伴日本公司的經營狀況就已經開始惡化。此外，八佰伴日本公司把公司利潤以及通過發行公司債券這種「煉金術」聚集的大量資金投到了海外市場，然而這些資金的回收情況卻不盡如人意。加之在此期間又出現了泡沫經濟，業績欠佳導致股價下跌。

曾通過可轉換公司債券籌資六百億日元的八佰伴，從一九九八年十二月起到二〇〇一年，每年要償還一百億日元。假如籌措不到償還資金，公司的信譽自然就要面臨危機。

當「八佰伴日本」資金流通不暢，而發行的公司債券卻到了必須償還的時候，那些曾經擔當「八佰伴日本」主力銀行角色的東海銀行、住友信託銀行、日本長期信用銀行，卻採取了袖手旁觀的姿態。總經理和田光正承認，銀行不支持也是造成公司破產的一個因素。

董事長和田一夫曾向身邊的親信說過：「公司是被銀行擠垮的。」八佰伴破產事件說明了，過於追求壟斷經營方式終將失敗。

八佰伴公司的破產是多種因素造成的，但主要原因還是在於經營戰略失敗。綜合性超市原本就不好經營，在資金不順暢時，又沒銀行的幫助，更促成了八佰伴破產解體。

【地形篇】

【原文】

孫子曰：地形有通者，有掛者，有支者，有隘者，有險者，有遠者。我可以往，彼可以來，曰通；通形者，先居高陽，利糧道，以戰則利。可以往，難以返，曰掛；掛形者，敵無備，出而勝之；敵若有備，出而不勝，難以返，不利。我出而不利，彼出而不利，曰支；支形者，敵雖利我，我無出也；引而去之，令敵半出而擊之，利。隘形者，我先居之，必盈之以待敵；若敵先居之，盈而勿從，不盈而從之。險形者，我先居之，必居高陽以待敵；若敵先居之，引而去之，勿從也。遠形者，勢均，難以挑戰，戰而不利。

凡此六者，地之道也；將之至任，不可不察也。

故兵有走者，有弛者，有陷者，有崩者，有亂者，有北者。凡此六者，非天之災，將之過也。夫勢均，以一擊十，曰走。卒強吏弱，曰弛。吏強卒弱，曰陷。大吏怒而不服，遇敵懟而自戰，將不知其能，曰崩。將弱不嚴，教道不明，吏卒無常，陣兵縱橫，曰亂。將不能料敵，以少合眾，以弱擊強，兵無選鋒，曰北。凡此六者，敗之道也；將之至任，不可不察也。

夫地形者，兵之助也。料敵制勝，計險，遠近，上將之道也。知此而用戰者必勝，不知此而用戰者必敗。故戰道必勝，主曰無戰，必戰可也；戰道不勝，主曰必戰，無戰可也。故進不求名，退不避罪，唯人是保，而利合於主，國之寶也。

視卒如嬰兒，故可與之赴深谿；視卒如愛子，故可與之俱死。厚而不能使，愛而不能令，亂而不能治，譬若驕子，不可用也。

知吾卒之可以擊，而不知敵之不可擊，勝之半也。知敵之可擊，而不知吾卒之不可以擊，勝之半也。知敵之可擊，知吾卒之可以擊，而不知地形之不可以戰，勝之半也。故知兵者，動而不迷，舉而不窮。故曰：知彼知己，勝乃不殆；知天知地，勝乃不窮。

【注釋】

地形有通者：地形，地理形狀、山川形勢。通，通達，指廣闊平坦、四通八達的地區。

掛者：懸掛、牽礙。此處指前平後險、易入難出的地區。

支者：支撐、支持。指敵對雙方皆可據險對峙，不易發動進攻的地區。

隘者：狹窄、險要之地。這裡特指兩山之間的狹谷地帶。

險者：險，險惡、險要，指行動不便的險峻地帶。

遠者：指距離遙遠之地。

先居高陽：意爲搶先佔據地勢高且向陽之處，以爭取主動。

利糧道：指保持糧道暢通。利，此處作動詞。

以戰則利：以，爲也。此句承上「先居高陽，利糧道」而言，意謂在平原地區，若能先敵抵達，佔據高陽地帶，並保持糧道暢通，如此進行戰鬥則大爲有利。

掛形者……難以返，不利：在「掛」形地帶，敵方如無防備，可以主動出擊奪取勝利；如果敵人已有戒備，出擊不能取勝，軍隊歸返就會很困難，實屬不利。

彼出而不利：敵人出擊也同樣不利。

敵雖利我：敵雖以利相誘。利，利誘。

引而去之：引，帶領。去，離開、離去。引而去之即指率領部隊僞裝退去。

令敵半出而擊之：令，使。句意爲在敵人出兵追擊一半時再回師反擊他們。

必盈之以待敵：一定要動用充足的兵力堵塞隘口，來對付來犯的敵軍。盈，滿、充足的意思。

盈而勿從，不盈而從之：從，順隨。此處意謂順隨敵意去進攻。在隘形之地，敵人若先我佔據，並已用重兵堵塞隘口，我方就不可順隨敵意去攻打；如敵方還未用重兵扼守隘口，我軍就應全力進攻主，去爭取險阻之利。

險形者，我先居之，必居高陽以待敵：意謂在險阻之地，我軍應當搶先佔據地高向陽的要害之處以待敵軍，爭取主動。

遠形者：這裡特指敵我營壘距離甚遠。

勢均：一說兵勢相均，一說地勢相均，後一說更合本篇論述。

難以挑戰：指因地遠勢均不宜挑引敵人出戰。

地之道也：道，原則、規律。意思爲上述六項是將帥指揮作戰利用地形的基本原則。

將之至任：指將帥所應擔負的重大責任。至，最、極的意思。

兵有走者：兵，這裡指敗軍。走，與以下的弛、陷、崩、亂、北共爲「六敗」

之名稱。

走：跑、奔，這裡指軍隊敗逃。

弛：渙散、鬆懈的意思。這裡指將吏軟弱無能，隊伍渙散難制。

陷：陷沒。這裡指將吏雖勇強，但士卒沒有戰鬥力，將吏不得不孤身奮戰，力不能支，最終陷入敗潰。

大吏怒而不服；大吏，指位階較高的軍官。句意爲偏裨將佐恚怒忿懣，不肯服從主將的命令。

遇敵懟而自戰：意爲遇敵心懷怨憤，擅自出陣作戰。懟，怨恨，心懷不滿。

崩：土崩瓦解，比喻潰敗。

將弱不嚴：指將帥懦弱不能，毫無威嚴以服下。

教道不明：指治軍缺乏法度，軍隊管理不善。

吏卒無常：無常，指沒有法紀、常規，軍中上下關係處於失常狀態。

陣兵縱橫：指布兵列陣雜亂無章。陳，古「陣」字。

料敵：指分析、研究敵情。

合：指兩軍交戰。

選鋒：由精選而組成的先鋒部隊。

地形者，兵之助也：對地形的審慎運用，是用兵作戰的重要輔助條件。助，輔助、輔佐。

計險、遠近：指考察地形的險要，計算道路的遠近。

上將：賢能、高明之將。

知此而用戰者必勝：知此，懂得上述道理。用戰，指揮作戰。

戰道必勝：戰道，作戰具備的各種條件，引申為戰爭的一般規律。戰道必勝，指根據戰爭規律分析，具備了必勝的把握。

必戰可也：即言可自行決斷與敵開戰，無須聽從君命。

無戰可也：即拒絕君命，不同敵人交戰。

唯人是保：人，百姓、民眾。保，保全。此句謂進退處置只求保全民眾。

利合於主：指符合、滿足國君的利益。

國之寶也：即國家的寶貴財富。

視：看待、對待的意思。

深谿：谿，山澗河溝；深谿，極深的溪澗，這裡比喻危險地帶。

厚而不能使，愛而不能令：只知厚待而不能使用，只知溺愛而不重教育。厚，厚養、厚待。令，使令、教育。意謂只知溺愛而不重教育。

亂而不能治：指士卒行爲乖張不羈而不能加以約束懲治。治，治理，這裡有懲處之意。

譬若驕子，不可用也：此句言爲將者，僅施「仁愛」而不濟以威嚴，只會使士卒成爲驕子而不能使用。

勝之半也：勝利或失敗的可能性各佔一半，指沒有必勝的把握。

不知地形之不可以戰，勝之半也：如果不知道地形不適宜於作戰，得不到地形之助，則能否取勝同樣也無把握。

知兵者：通曉用兵打仗之道的人。

動而不迷：迷，迷惑、困惑。

舉而不窮：舉，行動。窮，困窘、困厄的意思。句意爲行動自如不爲所困。

勝乃不窮：指勝利不會有窮盡。

【譯文】

孫子說：地形有「通」、「掛」、「支」、「隘」、「險」、「遠」等六種。凡是我軍可以去，敵人也可以來的地域，叫做「通」。在「通」形地域上，應搶先佔領開闊向陽的高地，保持糧草補給線暢通，這樣對敵作戰就有利。

凡是可以前進，難以返回的地域，稱作「掛」。在掛形地域上，假如敵人沒有防備，我軍可以突然出擊戰勝他們；倘若敵人已有防備，我軍出擊就不能取勝，而且難以回師，這就不利了。

凡是我軍出擊不利，敵人出擊也不利的地域叫做「支」。在「支」形地域上，敵人雖然以利相誘，我軍也不要出擊，而應該率軍假裝退卻，誘使敵人出擊一半時再回師反擊，這樣就有利。

在「隘」形地域上，我軍應該先敵佔領，並用重兵封鎖隘口，以等待敵人的進犯。如果敵人已先佔據了隘口，並用重兵把守，就不要去攻擊；如果敵人沒有用重兵據守隘口，那麼就可以進攻。

在「險」形地域上，如果我軍先敵佔領，就必須控制開闊向陽的高地，以等待敵人來犯；如果敵人先我佔領，就應該率軍撤離，不要去攻打它。在「遠」形地域上，敵我雙方勢均力敵，就不宜去挑戰，勉強求戰，很是不利。

以上六點，是利用地形的原則。這是身為將帥的重大責任所在，不可不認眞考察研究。

軍隊打敗仗有「走」、「弛」、「陷」、「崩」、「亂」、「北」六種情況。這六種情況的發生，不是由於天然的災害，而是將帥自身的過錯。

在勢均力敵的情況下，以一擊十而導致失敗，叫做「走」。士卒強悍，將吏懦弱而造成敗北，叫做「弛」。將帥強悍，士卒懦弱而潰敗，叫做「陷」。偏將怨忿不服從指揮，遇到敵人憤然擅自出戰，主將又不瞭解他們的能力，因而失敗，叫做「崩」。將帥懦弱缺乏威嚴，訓練教育沒有章法，官兵關係混亂緊張，列兵佈陣雜亂無常，因此而致敗，叫做「亂」。將帥不能正確判斷敵情，以寡擊衆，以弱擊強，作戰又沒有精銳先鋒部隊，因而落敗，叫做「北」。

以上六種情況，均是導致失敗的原因。這是將帥的重大責任之所在，不可不認眞考察研究。

地形是用兵打仗的輔助條件，正確判斷敵情，積極掌握主動，考察地形險厄，計算道路遠近，這些都是賢能的將領必須掌握的方法。懂得這些道理去指揮作戰，必定能夠勝利，不瞭解這些道理去指揮作戰，必定失敗。

所以，根據戰爭規律進行分析，有著必勝把握，即使國君主張不打，堅持去打也是可以的；根據戰爭規律進行分析，沒有必勝把握，即使國君主張一定要打，不打也是可以的。

進不謀求戰勝的名聲，退不迴避違命的罪責，只求保全百姓，符合國君利益，這樣的將帥，是國家的寶貴財富。

對待士卒就像對待嬰兒一樣，那麼士卒就可以同他共赴患難；對待士卒就像對待愛子一樣，那麼士卒就可以跟他同生共死。如果厚待士卒卻不能使用，溺愛而不能教育，違法而不能懲治，那就如同驕慣的子女一樣，是無法用來和敵作戰的。

只瞭解自己的部隊可以打，而不瞭解敵人不可以打，取勝的可能只有一半；只瞭解敵人可以打，而不瞭解自己的部隊不可以打，取勝的可能只有一半。既知道敵人可以打，也知道自己的部隊能夠打，但是不瞭解地形不利於作戰，取勝的可能性仍然只有一半。

所以，懂得用兵的人，行動起來不會迷惑，作戰措施變化無窮，而不致困窘。所以說，瞭解對方，瞭解自己，爭取勝利也就不會有危險。懂得天時，懂得地利，勝利也就可以永無窮盡了。

【第1章】

地要六形論

《孫子兵法》把地形情況區分為六種，即「六形」，要求將帥認真研究。孫子從戰略的高度考察地形與戰爭關係，認為這六種不同的地形關係到軍隊的勝敗存亡，而善於利用這些地形則是主將非常重大的責任。

郭進據險拒遼軍

遼軍被堵截在石嶺關，宋太宗從容向太原發起進攻，劉繼元無力對抗宋軍，只好開城投降。在敵方已佔據有利地形的條件下，再貿然進攻，實屬不明之舉。

西元九七九年，宋太宗趙光義平定南方之後，又興兵討伐北方的北漢。宋太宗命潘美為北路都討使，進攻太原，自己隨軍親征。由於北漢是遼國的屬臣，宋太宗又命令將軍郭進在石嶺關駐守，以堵截遼國的援兵。

北漢見宋太宗親自出征，急忙向遼國求援。遼景帝派宰相耶律沙和冀王塔爾火速增援。耶律沙和塔爾走了之後，遼景帝還不放心，又派南院大王耶律斜軫率領部屬前去援救。

耶律沙馳援北漢進至石嶺關附近的白馬嶺，宋軍已搶先佔據高地險隘。這時，剛下過幾場暴雨，山洪暴發，原先並不深的山澗已經漫淹至人的腰部，而且水面寬闊了不少。

面對湍急的澗水和守衛在高地隘口的宋軍，耶律沙準備安營紮寨，等待後續部隊。塔爾則恥笑耶律沙膽小，執意要率先遣部隊渡澗。

耶律沙勸道：「宋軍早已佔據有利地形，我軍貿然渡澗，必定凶多吉少，還是小心爲妙！」

塔爾道：「北漢危在旦夕，只怕我們去晚了救不得他們。」堅持下令渡澗。

守衛在白馬嶺上的宋軍見塔爾率遼軍強行渡澗，一個個搖旗吶喊，擊鼓威嚇，但就是不出擊。

塔爾以爲宋軍是在虛張聲勢，放心大膽地向對岸緩慢前進。郭進等塔爾的先頭部隊渡過山澗大半之後，令旗一揮，命令守在隘口的士兵放箭。霎時，亂箭如蝗，遼兵紛紛中箭倒下，又被急流捲走。

僥倖登上對岸的士卒還來不及立足穩定，宋軍的騎兵又疾馳而至，將遼兵砍翻在澗邊。

塔爾雖然勇猛無比，但人在激流之中，有力用不出來。最後，塔爾和他的兒子，以及五名將領，都被亂箭射死在山澗之中，連屍體也沒有留下來。如果不是南院大王耶律斜軫及時趕到，遼軍傷亡還會更大。

遼軍被堵截在石嶺關，宋太宗從容向太原發起進攻，北漢主劉繼元久盼遼軍不至，無力對抗宋軍，只好開城向宋太宗投降。

在敵方已佔據有利地形的條件下，再貿然進攻，實屬不明之舉，兵敗無疑。

蒙哥殞命釣魚城

蒙哥不知道釣魚城城上的情況，連忙登上台頂，王堅心中大喜，連忙命令士兵發炮。望台被摧毀，蒙哥本人也被飛石擊成重傷，不久即死去。

蒙哥繼位當上蒙古可汗後，採用迂迴策略繞道西南，向南宋發起進攻。蒙哥先派其弟忽必烈攻克了雲南，然後親率西路主力四萬人馬，經六盤山進入四川，苦戰一年，抵達釣魚城（今四川合川縣）下。

釣魚城地處嘉陵江、涪江、渠江的匯流之處，山城的四周盡是懸崖絕壁，猶如刀削，頗有「一夫當關，萬夫莫開」之險。蒙哥企圖越過釣魚城，進軍重慶，與蒙古南路軍會師，直取南宋都城臨安，釣魚城因此成爲雙方必爭之地。

釣魚城的守將王堅忠於南宋朝廷，早在蒙哥到達之前就已儲備了足夠的糧食，開拓了水源。山城中有百姓約十萬人，守城將士也有一萬餘人。

蒙哥先派降將晉國寶入釣魚城勸降。王堅命士卒將晉國寶押至演武場上斬首示衆，並對衆將士說：「今後誰再敢說一個降字，晉國寶就是他的榜樣！如果我有背叛朝廷的行爲，大家就砍下我的頭顱！」

自此以後，釣魚城中再無一人敢說「降」。

蒙哥見勸降無效，一面派將軍紐璘到涪州的藺市建造浮橋阻止宋軍增援，一面親率大軍使用種種手段向釣魚城發起一次又一次的進攻。王堅率全城軍民據險而戰，一連數月，蒙古軍死傷慘重，但釣魚城仍巋然不動。

這期間，南宋理宗皇帝派四川制置副使呂文德率戰艦千艘增援釣魚城，但行至合川附近，戰艦遭到蒙古軍攔截，無功而還。

蒙哥擊敗南宋的援軍，派前鋒大將汪德臣到釣魚城下勸降。汪德臣單人匹馬來到城下，沒喊上幾句話，城上飛下一塊巨石打中了他的肩膀。當天晚上，汪德臣就在營中吐血而死。

蒙哥久攻釣魚城不下，又損失一員大將，心中十分焦灼，爲了觀察釣魚城內的虛實，命令士兵在釣魚城前修造起一座高高的望台。王堅發現蒙哥在城下親自督建，吩咐將士準備炮石轟擊望台。

蒙哥不知道釣魚城城上的情況，望台建好後，連忙登上台頂，王堅心中大喜，連忙命令士兵發炮。在大炮連續轟擊下，望台被摧毀，蒙哥本人也被飛石擊成重傷，不久即死去。

可汗身亡，蒙古軍隊只好載著蒙哥的屍體解釣魚城之圍北撤。

蒙哥殞命釣魚台的戰例，說明佔據有利地形據險而戰，便可立於不敗之地。

僧格林沁亡命高樓寨

高樓寨一仗，僧格林沁及驕悍一時的僧軍全部覆滅。驕傲輕敵，置兵家最忌諱的險林危地於不顧，這是僧格林沁全軍覆滅的根本原因。

僧格林沁是清朝科爾沁博多勒噶台親王，由於多次打敗過太平軍和捻軍，內心輕敵，不把捻軍放在眼裡。

一八六〇年八月，太平天國遵王賴文光率一部分太平軍，與張宗禹率領的捻軍結合，捻軍的力量頓時加強。僧格林沁漠視這個現實，制定了「跟蹤窮追」的方針，試圖一舉消滅捻軍。

僧格林沁的部將勸僧格林沁「窮兵勿追」，僧格林沁竟狂妄地說：「怕什麼？

我騎馬的時候，他們還不知道馬有幾條腿呢！」

僧格林沁的「僧軍」有一萬二千人，多為騎兵。一八六五年一月，捻軍將僧軍誘入河南魯山，擊斃僧格林沁心腹將領恆齡、舒倫保。僧格林沁惱羞成怒，發誓要消滅捻軍為恆、舒報仇，於是跟蹤捻軍，窮追不捨。

捻軍覺察了僧格林沁的企圖，覺得自己的實力遠不如僧格林沁，硬拼難以取勝，決心將計就計，在河南、江蘇、山東境內與僧格林沁周旋，尋找有利戰機，消滅僧格林沁。

自一八六五年一月至五月，捻軍在河南、江蘇、山東三省晝夜行軍，忽東忽西；僧軍緊隨其後，也日夜追蹤，馬不停蹄。在疲憊不堪的「追剿」行軍中，僧軍經常「夜不入館，衣不解帶，席地而寢」，數百僧兵死於非命，僧格林沁本人也累得連握韁繩的力氣也沒有了。

清廷察覺了僧格林沁孤軍窮追的危險，勸他「擇平原休養士馬」，警告他「勿輕臨敵」。但僧格林沁卻錯誤地認為捻軍也已疲憊不堪，只需「一擊」，即可獲勝，仍窮追不止。

五月十六日，捻軍急行軍到達山東曹州府城西的高樓寨。高樓寨北方是一條條防黃河氾濫的河堰，河堰上下是一片片茂密的柳樹林，既適合於埋伏，又有利於步兵作戰。捻軍覺得這裡正是揚己之長，殲滅僧格林沁騎兵的好地方，於是將主力埋伏在高樓寨，以小股部隊迎擊緊追而至的僧軍。

僧格林沁窮追多日，難得與捻軍一戰，雙方交手後，僧格林沁恨不得一下子把捻軍全部殺光，當捻軍後退時，他毫不懷疑地驅馬追趕，一直到鑽入捻軍精心設下的口袋。

捻軍首先消滅了僧軍的左、右兩路軍，逼迫僧格林沁率中軍退入一座多年無人居住的荒莊。賴文光和張宗禹率捻軍主力將僧格林沁層層包圍住，又圍繞荒莊築起重重營壘。

僧格林沁率少數兵馬乘夜色突圍，但剛剛逃出荒莊，又落入埋伏在柳林中的捻軍陷阱。僧格林沁孤身出逃，被捻軍小將張皮綆追上，一刀砍下腦袋。

高樓寨一仗，僧格林沁及驕悍一時的僧軍全部覆滅。驕傲輕敵，置兵家最忌諱的險林危地於不顧，這是僧格林沁全軍覆滅的根本原因。

利用山溝伏擊「皇軍觀戰團」

岡村寧次聽説「皇軍觀戰團」遭伏擊，火速調集數千人在六架飛機配合下向臨汾「合圍」而來，但王近山早已指揮十六團跑得無影無蹤了。

一九四三年十月，日本華北派遣軍總司令岡村寧次爲了消滅晉冀魯豫邊區的抗日武裝力量，調集二萬兵力，對太岳區進行殘酷的「鐵棍掃蕩」。岡村寧次爲指導其他地區的「掃蕩」工作，從各地抽調一百多名少尉以上的軍官，組成「皇軍觀戰團」，到前線「觀戰」。

「鐵棍掃蕩」開始行動後，日軍十分猖狂。第三八六旅第十六團團長王近山以一個小分隊箝制日寇，自己則率主力突破日寇封鎖線，於十月十八日晚進入臨汾附近的韓略村。

臨汾是岡村寧次「掃蕩」的前敵指揮所所在地，韓略村位於臨汾至屯留的公路邊。當地老百姓向王近山反映，日軍汽車每天早晨從臨汾出發，晚上回來，去時滿載軍用物資或部隊，回來時運載搶來的物資。

王近山派出偵察員察看韓略村附近的地形，發現距韓略村不遠有一條山溝，兩側是兩丈多高的懸崖峭壁，汽車就從山溝中間穿過，如果能把山溝兩端「堵死」，敵人就插翅難飛！

王近山決定在這個山溝伏擊日寇，狠狠地打擊日寇的囂張氣焰，於是調動部隊和民兵潛入山溝，布下了天羅地網。

天亮後，日寇十三輛汽車載著「皇軍觀戰團」和警衛、士兵，趾高氣揚地駛入山溝，做夢也沒有想到會有部隊突破他們的防線跑到這裡來。突然，爆豆似的槍聲和手榴彈爆炸聲響震山谷，日寇最前面和最後面幾輛汽車被炸藥和手榴彈炸毀，既不能前進，又無法後退，完全陷於被動挨打的局面。

但是，這是一群訓練有素的軍官，在短時間的驚惶之後，聚集在一名少將軍官的周圍，企圖收縮兵力，等待援兵。

王近山識破日軍陰謀，居高臨下，集中兵力向日寇軍官聚攏處發起猛攻，日寇軍官只能憑藉汽車拼死抵抗。

然而，一輛輛汽車紛紛中彈焚毀。負責保衛「皇軍觀戰團」的日本軍官見大勢已去，首先切腹自殺，其餘軍官不是被擊斃，就是自殺。

一百多名日本軍官和眾多的警衛士兵，除了三人僥倖逃生外，其餘的全部被殲滅在山溝中。

岡村寧次聽說「皇軍觀戰團」遭伏擊，火速調集數千人，在六架飛機配合下向臨汾「合圍」而來，但王近山早已指揮十六團跑得無影無蹤了。

巧用山溝，堵住兩頭，困住敵軍，這種伏擊條件實屬得天獨厚！

瓜達爾卡納爾島之戰

經過一百天激戰，慘遭失敗的日軍從瓜島狼狽撤出。在這場血腥的戰鬥中，美軍利用於己有利的地形，掌握了戰鬥的主動權，最終贏得了勝利。

瓜達康納爾島位於太平洋所羅門群島最南端，面積約五千三百平方英里，與圖拉吉島相鄰，是二戰期間日軍逼近澳大利亞的最前沿，也是美軍遏制日軍南侵和向日本本土發起反攻的起點。

對於這樣的戰略要島，日本統帥部在戰爭之初卻忽略了，認爲瓜島不過是「南太平洋上一個無足輕重的海島」。當美國人搶先佔領了這個海島之後，日本統帥部才如夢初醒，命令清野士木大佐率精銳部隊二千人火速殲滅瓜島美軍，奪取瓜島。

守衛瓜島的美軍只有四百人，憑藉有利的地形，給予日軍慘重的殺傷。當日軍發起集團攻擊時，美軍又喚來飛機和大炮，對日軍進行毀滅性轟擊，瓜島上瀰漫著血腥味。戰爭進入白熾化，日軍總司令山本五十六親自坐鎮指揮，雙方不停地將大量船艦、飛機和部隊投入瓜島之戰。

清野士木以殘忍成性聞名，指揮日軍發揮武士道精神，爬過同伴的屍體往前衝去；但美國人殺紅了眼，一批批日軍士兵接連死去。最後，絕望的清野士木燒掉團旗後開槍自殺。在某個隱蔽處，一個縱隊的日軍甚至來不及逃脫，全部被飛來的炮彈炸死。

在海上，雙方的軍艦和飛機也打成一團，日本方面有兩艘大型戰艦、一艘巡洋艦和三艘驅逐艦被擊沉，美國則損失了兩艘巡洋艦和五艘驅逐艦。

經過一百天激戰，慘遭失敗的日軍從瓜島狼狽撤出，美軍贏得了勝利。

瓜島之戰宣告了日本在南太平洋末日的到來，在這場血腥的戰鬥中，美軍僅死亡一五九二人，日軍則死亡五萬人之多。

美軍利用於己有利的地形，掌握了戰鬥的主動權，最終贏得了勝利。

隆美爾兵敗北非

「違地用兵」乃是兵家之大忌，選擇有利的地形進行決戰，就能掌握戰爭中的主動；相反的，不利的地形則使作戰難度增大。

一九四二年八月初，德軍北非司令官隆美爾計劃對英軍展開攻勢，決定把進攻的方向選擇在阿拉曼防線的南端，認爲那裡英軍兵力薄弱，攻擊易於奏效。

八月中旬，隆美爾開始調整部署，把部隊秘密南移。英軍將領蒙哥馬利分析了敵情、地形，認爲隆美爾對拉吉爾周圍地形幾乎不瞭解。拉吉爾地區的某些地方，沙層很厚，而且沙流很大，肯定不利於德軍的裝甲部隊活動。於是，他決定將隆美爾誘入拉吉爾地區殲滅之。

為了誘使隆美爾上鉤，英軍一方面製造假情報，另一方面特意繪製了一張假的拉吉爾地圖，標明該地區是硬地，對德軍裝甲部隊有利，而且採取巧妙的方法使這張地圖落入隆美爾手裡。

隆美爾得到這張地圖十分得意，認為自己的計劃就要大功告成，絲毫沒有對它的可靠性產生懷疑。

九月一日凌晨，隆美爾對拉吉爾地區發起攻擊。蒙哥馬利嚴陣以待，把敵人一步步引入陷阱。不久，德軍進入流沙地區，幾十輛坦克、裝甲車、卡車在英軍假地圖上標明硬地的流沙中掙扎前進。當車上的人下來推車時，英軍幾個中隊的戰鬥機飛來轟炸和掃射，沙漠裡到處是燃燒的德軍車輛。九月四日，隆美爾不得不下令從這一地區撤退，號稱「沙漠之狐」的隆美爾一敗塗地。

「違地用兵」乃是兵家之大忌，隆美爾正是因為忽視了作戰地形才導致慘敗。選擇有利的地形進行決戰，就能掌握戰爭中的主動；相反的，不利的地形則使作戰難度增大。在地形不利的情況下，必須避免作戰，或是引蛇出洞，使對方失去地利。

阿富汗游擊隊巧用地形戰勝蘇聯

強大的蘇軍萬萬沒有想到，對付弱小的阿富汗游擊隊竟然無可奈何。在陷入泥沼九年，損失數萬人及大量裝備之後，不得不撤出阿富汗。

歷代兵家都非常重視地形，現代戰爭由於各種先進技術的採用，對地形如何理解和利用有重大變化，但至今還沒有哪次戰爭是完全不考慮地形這項重要因素的。阿富汗是個多山的國家，地形十分複雜。當強大的蘇聯軍隊發動戰爭後，弱小的阿富汗游擊隊正是充分利用了本國地形的特殊性，使蘇軍吃盡了苦頭。

一九七九年底，蘇聯發動侵略阿富汗的戰爭，一周之內就控制阿富汗全國主要城市和交通幹線，阿富汗政府軍不堪一擊，很快就潰滅了。蘇軍一戰而勝，萬萬沒有想到穆斯林武裝部隊，竟然在後來的九年中將其拖進一個完全可以和越南戰爭相比的爛泥潭。

蘇軍入侵阿富汗後，阿富汗游擊隊在反侵略的旗幟下迅速壯大起來，至一九八三年發展到十萬人。到了一九八六年，更達到二十多萬人。在長達九年的阿富汗戰爭中，蘇軍與游擊隊之間的清剿與反清剿戰鬥從未間斷，規模越來越大。

在阿富汗戰場，蘇軍投入了大量先進的飛機、坦克等重武器，而阿富汗游擊隊，除了有少量美制「毒刺」式步兵防空飛彈外，只有步槍、機槍、火箭筒和迫擊炮等輕武器，雙方實力對比懸殊。

但是，阿富汗地處帕米爾高原，境內山脈縱橫，到處是峻嶺險隘，交通極爲不便。阿富汗游擊隊就是靠著這種複雜地形，與擁有現代化裝備的蘇軍進行了長達九年的周旋。

蘇軍一向慣於在平原地帶採用大縱深、寬正面、高速度的大兵團機械化作戰，在阿富汗複雜的山嶺地區，這些特長就施展不開了。然而，蘇軍沒有及時檢討自己的作戰策略，仍舊調集大量的坦克、裝甲車和飛機，進入複雜地形與游擊隊展開大兵團作戰，結果屢屢吃虧。

一九八〇年的一天，蘇軍在三百輛坦克和裝甲車掩護下，從薩曼甘向達拉蘇夫山口進發，企圖一舉消滅這裡的阿富汗游擊隊。

游擊隊得到情報後，進行詳細分析，認爲蘇軍要去達拉蘇夫山口，必經狹窄的查著勒山口，這個山口形勢險峻，谷深坡陡，公路兩邊陡峭的石壁正是伏擊的好地方，決心在此狠狠地回擊蘇軍的進剿。

蘇軍坦克品質很好，數量很多，但克拉蘇夫地區層巒疊嶂，溝壑縱橫，坦克、裝甲車遇陡坡、爛泥地和流沙就寸步難行。然而蘇軍卻動用了三百餘輛坦克、裝甲車，一字長蛇沿山路進山，看起來威風凜凜，殺氣騰騰。

蘇軍沒有料到，他們從薩曼甘出發後，游擊隊迅速在狹谷裝上大量炸藥，在山頂設下伏兵。當三百多輛坦克、裝甲車和蘇軍步兵進入山口以後，游擊隊點燃了炸藥，頃刻間山崩地裂，猶如地墜天傾，大量的巨石滾入狹谷，當場就有四十多輛蘇軍坦克和裝甲車被巨石壓成一堆堆「鐵餅」。

這突如其來的襲擊把蘇軍陣勢全打亂了，士兵們像無頭蒼蠅四處亂撞，胡亂放槍，坦克和裝甲車如受驚的野獸狂吼亂竄，但到處都是石壁、陷阱，「英雄」無用武之地。

接著，埋伏在山頂的游擊隊，用步槍、手榴彈、土製炸彈等武器，狠狠攻擊蘇軍。蘇軍指揮官明白，繼續打下去將會全軍覆沒，於是丟下了大批武器裝備奪路而逃，阿富汗游擊隊在追擊中又消滅了部分蘇軍。

這一戰，蘇軍損失坦克和裝甲車近百輛，傷亡五百餘人，另有四十餘人被俘，阿富汗游擊隊僅傷亡十餘人。

強大的蘇軍萬萬沒有想到，對付弱小的阿富汗游擊隊竟然無可奈何。在陷入泥沼九年，損失數萬人及大量裝備之後，不得不撤出阿富汗。

弱小者若能借助地利優勢，掌握作戰主動權，往往能戰勝強敵。

【第2章】

地形者，兵之助也

《孫子兵法》強調「圍地則謀」，是指當被敵人圍住，處於不利形勢時，應有勇有謀，爭取衝破敵人的包圍圈。

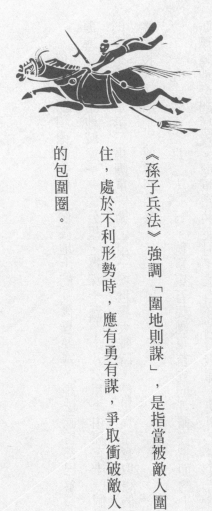

空前殘酷的凡爾登爭奪戰

凡爾登戰役中，德軍傷亡六十萬人，法軍傷亡三十五．八萬人，戰鬥殘酷異常。法國在凡爾登的勝利打破了德國企圖速戰速決，進而征服法國的夢想。

位於法國和德國邊境一個高地上的凡爾登要塞，距法國首都巴黎二二〇公里。要塞正面防禦地域達一一二公里，縱深十五至十八公里，由擁有十一個師、六三二門火炮的法軍第三集團軍守衛。第一次世界大戰時，德軍爲了奪取這個戰略要地，先後投入了四十六個師的兵力。

一九一六年二月二十一日，德軍第五集團軍首先向凡爾登正面約十三公里長的防禦陣地發起猛攻。德軍總共發射了二百多萬發炮彈，使用了毒瓦斯和噴火器，還出動了飛機進行轟炸，終於攻克了凡爾登法軍的第一道防禦陣地，突破了法軍的第二道防線。

法軍緊急調遣十九萬大軍增援凡爾登，遏制住了德軍的強勁攻勢，戰鬥進行到三月八日，德軍只向前推進了四公里。

法軍的形勢依然很險惡，就在這時，法軍炮兵射出的一發炮彈因操作失誤偏離了方向，竟鬼使神差地擊中德軍隱藏在斯潘庫爾森林中的一個龐大的秘密彈藥補給基地，引爆了基地中的四十五萬餘發大口徑炮彈。

德軍的大炮頓時變成了一堆廢鐵，法軍立即抓住戰機發起反攻，奪回了一部分陣地。在英國盟軍和後備部隊增援下，法國又把第十集團軍開入凡爾登，加強了要塞的防衛。

六月七日，德軍以二十個師的兵力再次向凡爾登發起攻擊。德軍向要塞發射了十一萬發毒氣炮彈，法軍拼死頑抗，雙方死傷慘重。戰鬥進行到七月一日，由於英、俄參戰，德軍被迫從凡爾登前線抽調兵力去對付英、俄，戰爭的主動權漸漸轉到法國手中。

十月二十四日，法軍出動十七個師的兵力，在一百五十架飛機和七十多門大炮掩護、支援下，向德軍發起反攻，一舉奪回了重要的杜奧蒙炮台和伏奧炮台，收復了所有丟失的陣地，歷時約二十個月的凡爾登戰役終於結束。

凡爾登戰役，法軍總計投入六十六個師。在整個戰役中，德軍傷亡六十萬人，法軍傷亡三十五．八萬人，戰鬥殘酷異常。因此，凡爾登戰役又有「凡爾登絞肉機」之稱。

法國在凡爾登戰役中的勝利打破了德國企圖速戰速決、征服法國的夢想，加速德國在第一次世界大戰中的失敗。

臨邑地道戰

徐文才等民兵入了地道之後，立即拉響事先埋設的地雷，一陣巨響，將日軍炸得七零八落。巧用地道，機動靈活，既可隱藏自己，又可消滅敵人。

臨邑縣地勢平坦，交通方便。

抗日戰爭時期，日軍經常來這裡「掃蕩」，燒殺搶掠。爲了反擊日軍的「掃蕩」行徑，民兵在村裡挖了地道，使家家相通，村村相聯。日軍來了，地道能藏、能打、能機動、能生活、可以出其不意地打擊敵人。

一九四一年春天，一個漆黑的夜晚，三官道民主聯防主任徐文才得悉魯園的日軍第二天要來搶糧，立即將情況報告附近的軍隊領導，部隊隨即派出一個分隊配合作戰。

第二天拂曉，日軍來了，爲首的黑田騎著馬，後面跟著一隊日軍、一百多輛大車。按預定計劃，徐文才帶十幾個民兵前去誘敵，要將對方誘至地道最完整的馬家寺地段加以殲滅。

黑田見是民兵，便放膽追來，一直追到馬家寺村中。徐文才等民兵入了地道之後，立即拉響事先埋設的地雷，一陣巨響，將日軍炸得七零八落，暈頭轉向。接著，軍隊、民兵從房上、房下、窗裡、牆角、磨底、柴堆中射擊敵人，槍聲、手榴彈聲響成一片，日軍橫七豎八，躺了一地。

黑田帶著剩下的十幾個日軍躲進徐家大院，民兵連王連長來了一個火攻，燒得日軍四處奔逃，被逐個擊斃。這一仗，消滅連黑田在內的日軍一百三十多人，並繳獲大批槍枝彈藥和十幾輛馬車。

巧用地道，機動靈活，既可隱藏自己，又可消滅敵人。

處處設伏，消耗敵人的力量

面臨敵人重兵包圍的危險時，不應聚全部兵馬於一處抵抗，而應將兵馬分成幾路，各佔有利位置，前後左右彼此呼應，消耗敵人力量。

一四五〇年，土耳其蘇丹穆拉德二世集結土耳其的全部兵力十萬人進攻阿爾巴尼亞，決定給阿爾巴尼亞致命一擊。穆拉德帶著自己的兒子御駕親征，攻向阿爾巴尼亞首都克魯雅。

阿爾巴尼亞領袖斯坎德培宣佈總動員，國內一切適合服兵役的男子都響應了號召，幾天就召集了一．八萬名志願軍。斯坎德培針對敵我形勢，周密地制定作戰方略、調配軍力。

他將阿軍分爲三部分：一部分約三千五百人的部隊留在克魯雅要塞抗擊來犯土軍；另一部分八千人的軍隊由自己率領，分佈在克魯雅北部的都美尼斯蒂山中，從這裡，部隊能夠攻擊土耳其軍隊的營地。斯坎德培將第三部分阿軍編成幾個人數規模不大的支隊，這些支隊的特點是行動迅速、極爲精幹。斯坎德培把這些支隊佈置在斯庫姆畢河流域，讓他們埋伏起來，等土耳其軍進攻克魯雅經過這裡時進行襲擊，消耗他們的實力，最大限度地使土軍蒙受損失。同時，支隊還將阻撓爲土軍提供糧草給養的商隊，使土軍後勤無以爲繼。

斯坎德培調配佈置完畢，就以逸待勞地「迎接」入侵的土軍。

土耳其大軍在穆拉德蘇丹的統帥下，取道馬其頓，浩浩蕩蕩殺奔而來，不料剛剛進入阿爾巴尼亞，就陷入了阿軍快速支隊的埋伏、襲擊。有時土軍將阿軍襲擊部隊趕到阿爾巴尼亞的邊遠地區，但在這裡，他們又陷入了阿軍設制的另一個陷阱。一路上，土耳其部隊付出了重大代價。

一四五〇年五月十四日，土軍抵達阿首都克魯雅，穆拉德蘇丹指揮土軍從四面包圍了克魯雅要塞。

留守克魯雅城的阿軍頑強抵抗，土耳其蘇丹下令猛轟要塞，要求阿軍投降，遭到阿軍斷然拒絕。蘇丹隨即下令發起總攻，但阿爾巴尼亞守軍寸土不讓地保衛要塞，使土軍分毫難進。

就在這時，斯坎德培率領隱藏在都美尼斯蒂山中的軍隊不斷出擊，時而從東，時而從西，殲擊土耳其圍城部隊，使土軍顧此失彼。不久，斯坎德培將攻城土軍引誘到事先設伏的有利地形上，予以痛殲。同時，阿軍快速支隊開始圍截襲擊為土軍運輸糧草的商隊，使土軍長期不得給養。

土耳其軍隊沒有糧草供應，攻城又久戰不下，十分焦躁，恨不得立刻殲滅不斷在城外襲擊他們的斯坎德培，肅清騷擾的阿軍，然後全力投入攻城。於是，土耳其蘇丹暫停攻城，調遣兵力進攻斯坎德培親率的部隊。

斯坎德培看透土軍心理，決定不正面迎敵。土軍想打的時候找不到阿軍，不想打的時候，阿軍又突然降臨。土軍處處被動、時時挨打，力量一點點被消耗，不得不開始轉入防禦狀態。

隨著冬季到來，歷經了四個月徒勞的圍城之後。蘇丹終於意識到攻城無望，下令收兵，撤離克魯雅要塞。阿軍這時從四面八方一起出動，土耳其軍隊無心戀戰，全線潰逃。當穆拉德帶領殘兵敗將逃回阿得里亞那堡的時候，戰場上丟下了二萬多具土軍屍體。

阿爾巴尼亞的抵抗獲得了全部的勝利。

當面臨敵人重兵包圍的危險時，不應聚全部兵馬於一處抵抗，而應將兵馬分成幾路，各佔有利位置，前後左右彼此呼應。或東或西，忽南忽北，一點點、一層層消耗敵人力量，使敵人每進一步都有傷亡。這樣，敵人就會慢慢氣竭，而我軍則伺機反擊，挫敗已屬強弩之末的敵軍。

日軍官兵葬身沼澤地

僅僅十多分鐘，一千多名活生生的日軍官兵全倒在了水窪中，英國人未花費一槍一彈，借助恐怖的沼澤地消滅了勁敵，是利用地形之利的精妙之舉。

二次世界大戰末期，英軍向入侵緬甸、孟加拉灣的日軍發起一連串的猛烈攻勢，日軍司令官山本太郎走投無路，只好率領一千多陸軍官兵向蘭里島逃去。英軍指揮官望著狼狽遁去的日軍官兵，發出一陣冷笑：「不必追趕了，那裡的沼澤地就是他們的墳墓！」

日軍逃入蘭里島，出現在他們面前的是一片漫無邊際的沼澤地。如血的夕陽下，沼澤地染上了一片怵目驚心的玫瑰色，東一汪、西一汪的水窪子波光閃爍，不時還冒出一個個氣泡，呼呼然在水面作響。

偵察隊長和夫向司令官山本太郎報告說：「司令官，這片沼澤地有鱷魚出沒，非常危險！」

山本吼道：「皇軍效忠天皇，幾條鱷魚就能擋住我們的去路嗎？快走！誰要再說鱷魚擾敵軍心，槍斃！」

疲憊不堪的隊伍深一腳、淺一腳地踏入沼澤地，緩緩向前挪動。沼澤地好像是無邊無沿，一千多名日軍官兵行至半夜，月亮已高高地升上天空，全體官兵仍然望不到沼澤地的邊緣。

突然，一陣陣嘩嘩嘩的水聲從沼澤地深處響起，和夫向水響處望了一眼，頓時打了個冷顫，「不好，快跑！」

他拉住偵察兵佐佐木向官兵稀少的東南方跑去，幸運的是，他們發現了一處露出水面半尺高的土埂，兩人急忙登上土埂。回頭望去，一大片黑乎乎的怪物驀然浮出水面，雙眼反射著寒目的冷光，沼澤中一片陰森、恐怖。

「哎呀，我的腿，腿啊！」

一個驚恐的慘叫聲率先打破沼澤地的沉寂，幾乎是同一時刻，沼澤地被震耳欲聾的驚叫聲、呼救聲、哀嚎聲淹沒。其中，也夾雜著奮力搏擊、開槍射擊和手榴彈的爆炸聲。

混亂中，佐佐木突然發現了揮刀亂砍的山本太郎。

「山本司令官！」佐佐木恐懼地叫了一聲，轉瞬間，山本太郎發出了一聲哀嚎，拋掉戰刀，一頭撲倒在水窪中。

太不可思議了，僅僅十多分鐘，一千多名活生生的日軍官兵全倒在水窪中，寒森森的月光下，鱷魚們張著血盆大嘴，得意地喘息著……

偵察隊長和夫及佐佐木等二十多名官兵因逃上沼澤中的高地，僥倖逃脫一死。

英國人未花費一槍一彈，借助恐怖的沼澤地消滅了勁敵，是利用地形之利的精妙之舉。

附加價值帶來心理滿足

「重地則掠」指軍隊行進至糧食豐裕、城邑眾多的地區，應儘量奪取物資，當企業具有一定壟斷優勢，應該採取高質高價策略，盡可能多獲取利潤。

一位珠寶商爲物美價廉的寶石銷售不出去而頭痛，不料當他將寶石價格提高一倍時，卻被人搶購一空。

某家廠牌的乒乓球出口到西歐市場，價格僅爲國外同類產品的十分之一，卻嚴重滯銷，當提高價格超過國外同類產品時，不僅銷路極暢，還成爲運動員喜愛的名牌產品。

這就是奇怪的高價品比低價品好銷售現象。爲什麼會出現這種現象呢？原因在於產品的附加價值上。產品本身的價值構成價格的一部分；附加價值，包括給顧客帶來的心理滿足等，則構成價格的另一部分。越是貴重物品、名牌商品，本身的附加值越大。

日本三菱集團，從來不以降價與其他廠商爭奪市場，而是以高品質、高價格的產品投放市場，這不僅樹立了三菱的品牌形象，還使它獲得的利潤遠遠高於其他競爭對手。

無獨有偶，德國的高級汽車也素來不參與價格競爭，而是以完美的汽車造型與高品質拉開與其他廠牌汽車的差距，以品質競爭爲主。

「重地則掠」是指軍隊行進至糧食豐裕、城邑衆多的地區時，應儘量奪取物資，補充軍需。當企業具有一定壟斷優勢，產品更新換代比較快時，應該採取高質高價格策略，盡可能多獲取利潤。

在市場學上，稱之爲「撇脂定價法」，好比吃一塊蛋糕，搶先將上面好吃的奶油吃掉，而將下面的東西扔掉，讓別人來搶奪。這也不失爲薄利多銷之外的另一種有效策略。

霜淇淋商的計謀

「圮地則行」指行軍中，遇見險阻、不易通過的地區，應設法迅速通過，以免被敵人包抄或阻擊。經營企業，也應逢山開路，遇水搭橋，順利地通過困境。

一年夏天，美國某地區的氣象部門宣佈該夏天會持續高溫，於是該地區的霜淇淋商認爲有機可乘，大量生產、屯積霜淇淋，準備大撈一把。

誰知天公不作美，正値霜淇淋銷售旺季時卻連日陰雨，頓時各霜淇淋商手中的貨成了燙山芋。

這時，適逢一個馬戲團巡迴演出到了該地區，一個霜淇淋商覺得這事情似乎有了點轉機。馬戲團挑了個稍好的天氣開始演出，那個霜淇淋商便在場外低價賣爆米花給觀衆。

一邊吃爆米花，一邊看馬戲倒是很享受，很快霜淇淋商的爆米花被一搶而空。誰知過了一會兒，觀衆覺得口乾舌燥，原來霜淇淋商在爆米花中加了少許鹽。就在這時，霜淇淋商將霜淇淋運來了，觀衆正乾渴難耐，看到霜淇淋，馬上搶購一空。

就這樣，正當別人爲了如何賣霜淇淋操心時，這個商人已經處理掉存貨，並且賺了一筆。

「氾地則行」指行軍中，遇見險阻、不易通過的地區，應設法迅速通過，以免被敵人包抄或阻擊。經營企業，也會遇到市場疲軟、經濟不景氣等困境，這時，企業不應坐等變化，而應逢山開路，遇水搭橋，積極主動地發現機會、創造機會，順利地通過困境。

那位霜淇淋商便是巧妙運用策略，先創造了消費者對霜淇淋的需要，然後達到了自己的目的。

沃爾瑪的競爭戰略

「圍地則謀」是指當被敵人圍住，處於不利形勢時，應有勇有謀，爭取衝破敵人的包圍圈。沃爾瑪的成功，可說是薩姆．沃爾頓戰略戰術運用巧妙的結果。

全球知名零售業沃爾瑪的創辦人薩姆．沃爾頓，原來是一個百貨店的見習生，從一間以自己名字命名的雜貨店起家，後來增加到了九家分店，一九六二年開設了第一家沃爾瑪。

沃爾瑪是面向小鎮的廉價商店。和藹可親的態度、價廉質優的商品使它大受人們的歡迎。因爲經營上有獨到之處，到六〇年代末，沃爾瑪在阿肯色等州已發展到三十三家。八〇年代以來，沃爾瑪每年增加一百多家新店，以驚人的速度擴散到全美各州。

沃爾頓如何經營他的雜貨店呢？

面對來勢洶洶的大商場，他採取了迴避原則。他的分店都設在各州二萬人口以下的小鎮上，避開和大零售商直接競爭。

他針對百貨店的特點，強調經營貨品齊全、價格低廉。沃爾瑪比一般的超級市場略大，品種齊全，號稱「家庭一次購物」，舉凡一個家庭所需之物，這裡都販售。而且沃爾瑪的物品擺放十分有秩序，標誌很清楚，使人在眼花撩亂的各類商品中能很快找到自己所需之物。

每家沃爾瑪網點，都有宣傳廉價的大幅標語。對於日用百貨，顧客講究實惠，只要品質沒有太大差異，當然願意少花錢，何況沃爾瑪的商品品質有保證。

沃爾瑪還注意服務的高品質，不僅使顧客購物時享受到禮貌的接待，而且購買物品後發現有不滿意之處，還可在一個月內退貨並退還全部貨款。

正因爲如此，沃爾瑪廣受消費者歡迎，尤其是受佔美國大多數人口的中產階級與低收入階層人士的歡迎。

《孫子兵法》強調「圍地則謀」，是指當被敵人圍住，處於不利形勢時，應有勇有謀，爭取衝破敵人的包圍圈。沃爾瑪面對眾多大小零售商，可以一枝獨秀的原因，首先在於它將自己的市場設在其他競爭對手忽視的城郊小鎮上，其次在於它針對百貨店的特點採取正確的行銷策略。

沃爾瑪的成功，可說是薩姆·沃爾頓戰略戰術運用巧妙的結果。

【第3章】

真險「六敗」論

《孫子兵法》中指出，由於將帥指揮失當而導致戰爭失敗的六種情況，簡稱「六敗」。指揮官亂用權力不可能得到士兵的擁護，只會遭到士兵反抗，導致離心離德，甚至造成禍事。

濫用權力只會造成禍事

「波將金」號船員寧願吃子彈也不服從喝濃湯的命令，說明指揮官亂用權力不可能得到士兵的擁護，只能受到士兵的反抗，導致離心離德，甚至造成禍事。

一九〇五年，俄羅斯戰艦「波將金號」發生了一起兵變。

兵變的導火線竟然是伙房用生了蛆的臭肉做俄羅斯濃湯。當炊事員把濃湯端給船員們吃時，引起了船員們的強烈不滿，紛紛將帶蛆的湯端到艦長面前，要求艦長出面處理。

艦長見眾怒難犯，只得命令高級軍醫前去檢查。軍醫回來後報告艦長說，肉上根本沒有白蛆，只不過有幾個蒼蠅卵，稍微加些醋，還是可以食用的，不必如此大驚小怪。

但是，這些話並沒有消除船員們的不滿和憤怒，一致拒絕吃有蛆的濃湯。

艦長勃然大怒，將全體船員召集到甲板上訓話，警告船員們將會因爲自己的這種犯上行爲被吊死在船桁上。隨後，他命令願意吃濃湯的人站出來。

結果，只有一些軍士、水手長和少數老兵離開了佇列，其餘的船員仍一動不動地默默地站立著。

可怕的沉默使艦長意識到事態嚴重，於是宣佈把一部分肉湯放在瓶裡密封起來以供分析，並向艦隊司令報告這次事件。隨後，他解散了全體人員，自己則回到艦長室等候上級的處理意見。

但是，剛愎自用的副艦長卻不肯善罷干休，越想越氣，覺得這樣不了了之太丟俄羅斯帝國軍官的臉了。爲了維護「尊嚴」，他重新集合隊伍，命令行刑隊全副武裝，準備好防水布（海軍的習慣，在槍決反叛者之前先把防水布蓋在他們身上）。接著，他喝令道：「願意吃濃湯的人站出來！」

可是，這次出列的船員比上次更少。副艦長氣急敗壞，命令水手長逮捕帶頭的肇事者，把防水布扔到他們身上。

正當行刑隊準備執行的一剎那，突然有人吶喊：「不要射擊你們自己的兄弟！不能殺害自己的夥伴！不要開火，弟兄們！」

隨著這一聲吶喊，行刑隊員猶豫了，而剛才那些如泥塑般站立不動的水兵們，忽然像狂怒的醒獅般跳起來，奪下行刑隊的槍枝，很快接管了「波將金號」戰艦。大多數軍官，包括艦長，都被他們殺害或拋進波濤洶湧的大海中。

「波將金」號船員寧願吃子彈也不服從喝濃湯的命令，說明指揮官亂用權力不可能得到士兵的擁護，只能受到士兵的反抗，導致離心離德，甚至造成禍事。

山本五十六命喪布干維爾

一陣猛烈的炮火擊中了座機，座機搖搖晃晃地墜入布因城北的莽莽叢林之中。日本海軍第八艦隊司令部的盲目自信，終於導致了山本五十六喪命。

山本五十六海軍大將是日本聯合艦隊司令官，為日本帝國在太平洋戰爭中立下赫赫戰功。一九四三年四月，山本五十六為了鞏固日軍在所羅門群島和新幾內亞的戰略地位，阻止盟軍進攻，計劃於四月中旬飛往所羅門群島北部視察。

今村將軍對山本五十六之行表示擔憂，向他講述了自己在布干維爾與一架美國戰鬥機遭遇，險些喪命的經過，勸他取消行動。山本五十六計劃在布干維爾南小島巴拉爾短暫停留，對今村的勸告只是付之一笑。

負責擬定日程、安排相關事項的人是渡邊中佐。渡邊親自來到第八艦隊司令部，要求司令部派專使將日程表送走，但相關人員卻回答說，必須用無線電報發出。渡邊擔心美國人截收電報後會破譯電文，對方堅決地保證：「不可能破譯！因爲這套密碼四月一日才啓用。」

渡邊未能說服對方，只好違心地同意。

渡邊的擔心不是多餘的，電波升空後，美軍情報人員立即截獲，並用了一個晚上的時間破譯：山本將於四月十八日早晨六時乘坐一架中型轟炸機離開臘包爾，於八時抵達巴拉爾島，有六架戰鬥機護航。

美軍上將尼米茲立即電告在該領域內的司令官哈爾西將軍，授權他草擬伏擊山本五十六的作戰計劃。隨後，美國總統羅斯福親自批准了這項計劃。

四月十八日，山本五十六準時登機。山本的秘書、航空參謀、艦隊軍醫長與山本同行，宇坦參謀長則乘坐另一架轟炸機。與此同時，美國的十六架P—三八「閃電式」戰鬥機在公海飛行了六百英里後，準時抵達布干維爾島的上空，準備迎擊山本五十六。

美軍戰鬥機的指揮官是約翰．米歇爾少校。

九時三十四分，米歇爾少校聽到了一個低沉的聲音打破了無線電的沉寂：「發現國籍不明飛機……」

少校仰頭望去，見到八架日機，其中兩架是轟炸機，六架是零式戰鬥機，果斷地發出命令：「甩掉副油箱！攻擊！」

日本戰鬥機被這突來的襲擊打暈了頭，待到他們拼命地想去保護司令官時，蜂擁而上的美機已依仗數量優勢將日機分割包圍。山本座機的駕駛員經驗豐富，曾一度甩脫美機的糾纏，逃出重圍，但另一架美軍戰鬥機閃電般從斜刺裡撲了上來。一陣猛烈的炮火擊中了山本五十六的座機，座機掙扎著，搖搖晃晃地墜入布因城北的莽莽叢林之中。

日本海軍第八艦隊司令部及山本五十六本人的盲目自信，終於導致了山本五十六的喪命。

隋煬帝三伐高麗自取滅亡

隋煬帝非危而戰，生靈塗炭，天怒人怨，不久便爆發了聲勢浩大的農民起義。李密、翟讓、竇建德、李淵……從四面八方殺出，中原大亂。

隋煬帝楊廣即位後，爲了遊幸，積極營建東都洛陽，大造宮闕，窮奢極侈，濫用民力，並且輕啓干戈，發動三次征討高麗的戰爭，導致隋朝滅亡。

西元六一二年第一次征高麗，動員一一三萬人，號稱二百萬，進攻平壤，結果大敗，逃回遼東的僅剩數千人。

西元六一三年第二次征高麗，隋煬帝御駕親征，誇下海口說：「海可塡，山可移，高麗可平。」

不料，進遼後二十餘日，戰爭正相持不下，煬帝得知國內楊玄感起兵反叛，奪取洛陽，不得不連夜退兵，全力對付楊玄感。

西元六一四年第三次征高麗，隋煬帝又御駕親征，率軍進至遼西。此時，高麗已民困國疲，遣使求和，隋煬帝率得勝之師回到洛陽。

隋煬帝非危而戰，導致生靈塗炭，天怒人怨，盜匪四起，不久便爆發了聲勢浩大的農民起義。

李密、翟讓、竇建德、李淵……從四面八方殺出，中原大亂。隋煬帝逃向江都（今揚州），仍然沉醉於酒色之中。

一日，一群叛軍手持利刃進入宮門，殺死守軍，圍住隋煬帝。

隋煬帝說：「我有何罪？」

叛軍頭目馬文舉厲聲說道：「你窮奢極侈，輕啓干戈，萬民塗炭，難道不是你的罪過？」

隋煬帝說：「朕負百姓，不負汝等。」

司馬德戡說：「普天同怨，何止我等。今借陛下之首以謝天下。」

隋煬帝嚇得魂飛魄散，並哀求道：「天子怎能身首分離？」自行解下巾帶遞給令狐行達。

令狐行達即將巾套於隋煬帝脖子上，用力一拉，煬帝氣絕身亡。

非危而戰，濫用民力，必遭滅亡，隋煬帝就是一個例子。

斯巴達克遺恨布林的西港

克拉蘇把斯巴達克截堵在半途中，雙方展開了最後的決戰。由於斯巴達克的起義軍中途發生了分裂，給了敵人戰機，奴隸起義難逃失利。

西元前七三年，羅馬爆發了斯巴達克奴隸大起義。奴隸主、獨裁者克拉蘇把在國外作戰的兩支主力部隊調回國，發誓要消滅斯巴達克。

面對嚴峻的形勢，斯巴達克決定率起義軍離開羅馬另尋自由之地。斯巴達克的計劃是：從布魯丁向北，攻佔盧爾卡，再由盧爾卡向東，奪取船隻來往頻繁的布林得西海港，乘船渡海，向希臘進軍。

克拉蘇是個久經沙場的老手，很快識破了斯巴達克的意圖，毫不遲疑地集中優勢兵力，對斯巴達克實施圍、追、堵、截。

生死關頭，起義軍發生了分裂，延誤了進軍速度。以康尼格斯為首的一部分奴隸起義戰士不願跟隨斯巴達克去希臘，斯巴達克百般勸說無效，只好任由康尼格斯把部隊帶走。

克拉蘇抓住這一千載難逢的時機，日夜兼程，搶先一步佔領了布林得西海港，擋住了斯巴達克的去路。與此同時，他又分兵將康尼格斯及一萬餘名戰士包圍在魯幹湖畔，康尼格斯全軍覆沒。

斯巴達克見克拉蘇搶先佔據了布林得西海港，東渡亞得里亞海去希臘的希望已經破滅，毅然決定回師直搗羅馬，準備與羅馬元老院的貴族們決一死戰。但是，克拉蘇在軍事力量對比上佔有絕對優勢，把斯巴達克截堵在半途中，雙方展開了最後的決戰。

克拉蘇以殘忍的「十一抽殺令」威逼士兵們為他賣命。「十一抽殺令」規定：凡臨陣逃脫被抓回來的士兵，以十人為一組，抽出一個人來處死。士兵們害怕被處死，只好與奴隸戰士決一死戰。

斯巴達克知道最後的時刻即將到來，決心在臨死前殺掉克拉蘇，但克拉蘇躲得遠遠的，並懸出高賞：「誰殺死斯巴達克，賞他一座別墅、十頃葡萄園！」

一名百夫長刺傷了斯巴達克的大腿，斯巴達克從戰馬上摔了下來，一手舉起盾牌，一手揮動短劍。但是，羅馬士兵潮水般地湧了上來……

斯巴達克終於倒下了，倒下前，向布林得西海港方向看了一眼。

由於斯巴達克的起義軍中途發生了分裂，給了敵人戰機，這次奴隸起義難逃失利的命運。

雀巢公司選擇正確的競爭策略

一百五十餘年來，雀巢公司規模越來越大，產品銷售世界各國，幾乎無往而不利，其中一個重要原因，就是該公司制定並實施了正確的市場競爭決策。

瑞士雀巢公司創業至今已有一百五十多年的歷史了，起家的產品是嬰兒用奶粉，發明人是雀巢公司的創始人——安里．涅之茲。

涅之茲發明了奶粉之後，並沒有馬上投入商業化生產，只是在實驗室或家裡少量生產。由於奶粉的營養成份比一般的牛奶完全，而且易於保存，食用方便，很受消費者歡迎。

爲了適應日益增大的市場需求，一八六七年涅之茲創立了雀巢公司，開始了奶粉的商業化生產，時過三年，一八七〇年，雀巢奶粉的年銷售量達到了八千五百箱，到了一八七五年更猛增至五十萬箱。

時至今日，雀巢公司已發展成爲規模龐大的世界性的大公司，僅瑞士，在雀巢公司就業的人員已達八．五萬人。目前，雀巢公司在全世界的生產企業已超過二百三十多個。

雀巢公司世界聞名且規模龐大，主要原因之一是採取具有雀巢特色的市場競爭決策：收購、合併競爭對手，使之由對手變爲自己公司的成員。這項決策的成功，使雀巢公司在激烈的競爭中，取得了稱霸世界市場的地位。

以可可奶、奶粉、糖、香料製成的巧克力在瑞士問世以來，迅速席捲世界，成爲男女老幼喜愛的食品。爲了在世界市場佔據有利地位，當時瑞士大大小小的巧克力生產企業結合成巧克力集團。

雀巢公司的奶粉是生產巧克力的原料之一，藉此便利條件，雀巢公司迅速插足巧克力集團。之後，這個集團生產的巧克力全部採用了雀巢商標。瑞士境內有四個主要的巧克力生產企業，各自生產著不同風味的巧克力，在雀巢收購競爭對手以擴自己規模的決策下，都被併入雀巢公司。

瑞士是一個小國，人口少，市場自然也小，雀巢要發展，必然要著眼於世界大市場。他們一方面向國外推銷瑞士本土生產的各種巧克力，另一方面不遺餘力地以各種方式佔領世界市場。

一九〇七年雀巢公司首先打入美國，隨後又陸續在英國、法國、德國、義大利、比利時、西班牙等國投資建立巧克力生產廠，就地生產，就地銷售，很快取得了世界巧克力市場的霸主地位。

一八五一年美國人發明了煉乳，由於這種乳製品易於長期保存，食用方便，很快暢銷世界市場。瑞士雖然在這項產業落後了十五年，一八六六年才建成了煉乳生產廠。但是，瑞士憑藉發達的奶牛事業和豐富的奶粉資源，很快就開始和美國爭奪煉乳市場。

首先，雀巢公司出資購併了主要競爭對手，即美國生產煉乳的公司。隨後，又把世界各國生產煉乳的企業全部買下，併入雀巢公司，形成了雀巢獨霸世界煉乳市場的局面。

雀巢公司並未就此止步。一九三八年，爲了因應咖啡生產過剩，雀巢公司在巴西的咖啡研究所成功地開發即溶咖啡的生產技術。雀巢公司爲確保即溶咖啡佔領世界市場，開始在咖啡銷售量較大的國家設廠生產，就地銷售，雀巢即溶咖啡很快風靡全球。

一百五十餘年來，雀巢公司規模越來越大，產品銷售世界各國，幾乎可以說是無往而不利，其中一個重要原因，就是該公司制定並實施了正確的市場競爭決策。

洛克菲勒獨霸石油市場

透過恩威並施的方式，洛克菲勒閃電式地吞併了其他的石油企業，徹底地獨霸過市場。摸清市場行情，制定謹慎計劃，使洛克菲勒得以稱雄石油界。

一八七〇年一月十日，洛克菲勒創建美孚石油公司時，克利夫蘭的其他石油公司多如牛毛。洛克菲勒是一個很有野心的人，臥榻之側，豈容他人鼾睡？他決定吞併這些企業。

洛克菲勒首先與鐵路公司談判，打算成立南方改良公司。洛克菲勒提議，鐵路公司應與最大煉油商們聯合起來，爲彼此的共同利益來計劃石油的流通問題；運費應該提高，參加這個方案的成員們則可享受運費回扣。

當時，鐵路公司也在尋求更有利的賺錢方法，很快接受了這一方案。

在這種情況下，一些小公司面前只有兩條道路：一是把自己的企業解散，併入洛克菲勒的公司；再者是單幹下去，最後在運費折扣制的壓力下破產倒閉。

取得了有利形勢，洛克菲勒與對手們定期會晤，通常是宴會形式。他還將美孚石油公司的股票奉送克里夫蘭一些主要銀行的經理們，這些被收買的銀行家則拒絕借款給不服從洛克菲勒的人。

透過這種恩威並施的方式，洛克菲勒閃電式地吞併了其他的石油企業。

到一八八〇年，美國生產的石油，九十五%都出自美孚石油公司。自從新大陸早期公佈禁止壟斷事業以來，還從來沒有一個企業能如此完全徹底地獨霸過市場。

摸清市場行情，制定謹慎計劃，使洛克菲勒得以稱雄石油界。

獨樹一幟的經營策略

有時雙方勢均力敵，爭鬥不已，只會魚死網破、兩敗俱傷。相對的，若是雙方達成一定的妥協，發揮各自的優點，在瞬息萬變的市場上，就能利益共沾。

印尼著名的華人銀行家李文正喜歡閱讀中國古籍，並把一些中華傳統思想文化運用在企業經營過程中。他和其他企業家談判經營時，常把「以和爲貴」的思想應用到談判和經營中來。

他認爲，「做生意，眼光要放遠，爭千秋而不計較於一時」，如果「雙方爲利爭鬥，生意就不可能長久」。所以，他主張雙方談判，不一定要分出勝敗，而應當皆大歡喜。

正是在這種「雙勝共贏理念」指導下，李文正與印尼民族、華人及外國金融銀行家有廣泛的公私交誼，合作良好，事業也獲得急速發展。

李文正最先經營的一些進口業，就是和朋友合資的。

一九六〇年，他轉入銀行業時，也是和幾位福建裔華商合資合營的。一九七一年，他與弟李文光、李文明、華商郭萬安、朱南權、李振強等共同集資，組織了泛印尼銀行。

從一九七三年九月至一九七四年十一月間，李文正領導泛印尼銀行和印尼中央銀行、世界銀行，以及其他十幾家各國銀行、財務暨企業公司，聯合組成印尼私營金融發展公司，從事國際性的資金融通和企業投資開發等業務。後來，泛印尼銀行又和法國皇家信貸銀行簽訂貸款及技術合作協定，引進法國長期低利信貸，協助印尼工、農業建設及國內外貿易的拓展。

他在短暫的五年內使泛印尼銀行成爲印尼第一大私營銀行，而且成了印尼規模最大和最有影響力的金融財團之一。

在商業活動中，競爭是自然法則，通過競爭擊敗對手、獨佔市場，就能獲得最大的利潤。但是，競爭並不是萬能的。有時雙方勢均力敵，爭鬥不已，只會魚死網破、兩敗俱傷。

相對的，若是雙方達成一定的妥協，發揮各自的優點，共同開發經營，這樣在瞬息萬變的市場上，就能雙方利益共沾，皆大歡喜。

李文正的「以和為貴」和「雙勝共贏」思想是一種獨樹一幟的經營理念。由此可見，競爭與合作，適時運用，都可以取得較好的效果。

【第4章】

料敵制勝，計險阨遠近

孫子認為，「上將之道」在於「料敵制勝，計險阨遠近」，強調將帥要認識到自己在戰爭過程中的重大責任。一切必須以爭取戰爭勝利為目的，只要是符合國家利益的，就要「進不求名，退不避罪」，臨機決斷，果敢行動。

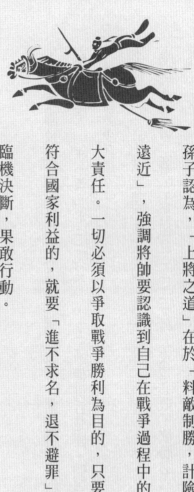

王翦量敵用兵

王翦始終不出兵，幾月後，楚軍早已麻痺，以為秦軍怯戰，王翦下令攻楚，以二萬勇士猛衝。楚軍沒有準備，倉皇應戰，一觸即潰，大敗而逃。

王翦是戰國後期秦國智勇雙全的名將，屢建戰功，深得秦王政的重用。

秦王政二十一年（西元前二二六年），秦王準備併吞楚國，問年輕將領李信：「攻打楚國需多少兵馬？」

李信說：「二十萬就差不多了。」

秦王又問老將王翦，王翦卻說：「二十萬人攻楚必敗，欲勝必六十萬不可。」

秦王暗歎：「王翦老啦！」遂命李信為大將軍，蒙恬為副將，率兵二十萬伐楚，王翦則託病歸鄉養老。

秦王政二十二年，李信攻下平輿（今河南平輿北），直指壽春（今安徽壽縣，楚國新都）。楚王拜項燕爲大將，率兵二十萬，水陸並進，於城父（今河南寶豐縣）迎戰李信。

酣戰之際，項燕埋下的七路伏兵俱起，李信四面受敵，大敗而逃。項燕緊追三日三夜，秦軍敗還，死傷無數。

秦王後悔未聽王翦之言，親自前去見王翦，說道：「寡人不用將軍計，李信果辱秦軍，今聞楚軍西來，將軍雖病，難道你忍心不助寡人嗎？」

王翦說：「大王若眞用臣，非六十萬人不可。」

秦王問王翦何以用這許多部隊，王翦分析道：「用兵多寡，須根據敵國情況。今楚國幅員遼闊，兵力強盛，非六十萬軍不能破。」

秦王說：「寡人聽將軍計！」當即拜王翦爲大將軍，統率六十萬兵伐楚。

秦王親自爲王翦送行到灞上，臨別，王翦自袖中取出一簡，請秦王多多賞賜良田美宅。秦王笑道：「將軍功成而歸，寡人與將軍共富貴，何用擔心？」

王翦說：「多謝大王厚愛，子孫永遠不忘大王的恩澤。」部下笑他貪心，王翦道：「秦王多疑，現將全國部隊交我指揮，我多請田宅，以示忠於秦王，要他放心啊！」

秦王政二十三年，王翦率六十萬大軍，一路勢如破竹，攻下陳（今河南睢陽）至平輿之間的大片楚地，然後深溝堅壘，不與楚軍對戰。楚王動員全國兵馬反攻，項燕每日使人挑戰，王翦始終不出兵，項燕久攻不克，逐漸放鬆了攻擊。

王翦讓士卒休息，改善伙食，養精蓄銳，同時加緊操練。幾月後，楚軍早已麻痺，以為秦軍怯戰，王翦下令攻楚，以二萬勇士猛衝。楚軍沒有準備，倉皇應戰，一觸即潰，大敗而逃。秦軍追至蘄南（今安徽宿縣南），項燕自殺，不久秦軍攻入壽春，擒楚王負芻。

王翦知用軍之多寡，可謂一代良將，憑藉有利條件，並制定了正確的戰略，靈活應變，掌握了戰爭的主動權，終於消滅了楚國。

東鄉平八郎獨具慧眼

後來的日俄戰爭果然如東鄉平八郎所料，俄國艦隊被日軍全殲。東鄉平八郎在戰爭之前，不被對方的表面現象迷惑，確實有高人之處。

中日甲午戰爭前夕，日本軍國主義對朝鮮加緊侵略和擴張，妄圖把朝鮮置於日本的控制之下。但中國的滿清王朝並不想放棄原來對朝鮮的宗主關係，中日兩國關係逐漸緊張。

當時，清朝派遣號稱世界第一流的大型戰艦「平遠號」訪問日本，試圖對日本進行恫嚇。被邀請參觀「平遠號」的日本高級官吏和軍人，都為其雄偉、先進而驚歎不已，認為如果為了朝鮮和中國開戰，那是極大的冒險。姑且不說中國地大物博，人口衆多，單是這些世界一流的戰艦，便是日本無法匹敵的。

隨後，號稱日本海軍靈魂的東鄉平八郎另擇日期，仔細觀察了「平遠號」，發現「平遠號」戰艦確實稱得上世界一流。但當他走到主炮炮塔前，看到炮管上晾曬著衣物，另外看到清朝海軍的士氣並不很高，便識破了清朝海軍的實力。

他回去對其他日本軍官說：「看了清艦平遠號後，我認爲不必害怕清朝海軍。他們是金玉其外，敗絮其中。」

在後來的戰爭中，雖然大清王朝擁有鄧世昌等一批英勇善戰的艦隊官兵，但是由於清朝政府的腐敗無能，另外還有不少海軍官兵戰前不認眞備戰，戰爭中臨陣脫逃，結果裝備比較精良的北洋艦隊仍然不能免於全軍覆沒的命運。

中日甲午戰爭後，日本奪得了對朝鮮的殖民統治權，爲了進一步奪取中國的東北三省，與懷有相同動機的俄羅斯發生了衝突，日俄戰爭已是遲早的問題。

當時，日本是剛興起的帝國主義國家，而俄國是老牌帝國主義強國，日本的海軍實力尚非俄國的對手。很多日本海軍官兵對俄國懼怕三分，認爲打敗清朝並不難，而要與俄國開戰，簡直是拿國運做賭注，一旦失敗，必將亡國滅種。

但海軍司令東鄉平八郎並不相信那些數字的比較和表面的現象，決定親自去觀察俄國艦隊的情況。

一九〇〇年，中國義和團運動興起，八國聯軍以此為藉口，擴大對中國的侵略，英、美、俄、法、德、義、日、奧的軍艦集結在天津大沽口。東鄉認為機會來了，藉這次機會暗中留心觀察俄國艦隊的一舉一動。

有人問他：「你認為俄國艦隊怎麼樣？」

東鄉說：「並不像人們想像的那樣可怕。」

提問的人及很多在場的軍官都豎起了耳朵，想聽聽他的高見。他說：「我眺望了俄國艦隊，很難說他們的軍紀嚴整，訓練有素。他們用軍艦運送步兵和軍需品，更是不可寬恕的。這證明他們輕視軍艦的本來職能，用軍艦代替運輸船，必然消耗他們的本職精力，使他們的訓練荒疏，這樣一旦發生海戰，艦隻就不能充分發揮戰鬥力。另一方面，這也暴露了他們的海上運輸能力不足，日後如果發生海戰，一定在日本周圍海域進行，更對他們不利。由此可見，俄國出兵準備不充分，我們不必害怕俄國。」

在場的人都對東鄉的分析點頭讚許。後來的日俄戰爭果然如東鄉平八郎所料，雖然俄國的太平洋艦隊和波羅的海艦隊噸位是日本艦隊的兩倍左右，但最後這兩支艦隊都被日軍全殲。

東鄉平八郎在戰爭之前，不被對方的表面現象迷惑，實地觀察，看出表面現象背後的實質，確實有高人之處。

「尿布大王」的訣竅

多川博把尼西奇變為尿布專業公司，善於抓住不易察覺的商機，用長遠的目光預見市場，並果斷決策、大膽出擊，這是多川博成功的關鍵所在。

舉世聞名的「尿布大王」多川博，是日本尼西奇公司的董事長。

尼西奇公司原來並不經營尿布，在經營尿布之前，多川博雖經多方努力，但生意平平。某天，多川博閒著沒事，信手拿起一份報紙，看到一份日本人口普查報告，報告上說：日本每年大約有二百五十萬嬰兒出生。

「二百五十萬！天啊，這麼多？」多川博嚇了一跳，因爲他從來沒思考過個問題，「不過，這可是一個好市場，也許還是一個難得的機遇！」

多川博不愧是一個天才的商人，頭腦如同一台高效能的電腦，立即飛速地運轉起來。

「嬰兒，嬰兒……」多川博滿腦袋全是與嬰兒有關的事物，「嬰兒需要牛奶、需要糖，嬰兒需要精巧、舒適的衣服，嬰兒需要奶瓶、奶嘴，需要小手推車……」

多川博想了一個又一個，但又一個個被他推翻：什麼牛奶、糖、衣服、奶瓶、奶嘴、小手推車……這些傳統的嬰兒用品早就有人生產、經營了，跟在人家屁股後面跑，要超過人家談何容易？

「應該找一個別人沒有生產的東西來經營。」多川博自言自語道，「對！只有開發別人沒有生產過的東西才能獨領風騷！」

多川博想到了尿布。

「對！就是尿布！哪個嬰兒能離得開尿布呢？」

多川博興奮起來，「如果每個嬰兒使用兩條尿布——這是最保守的數字了，一年就是五百萬條！如果每個嬰兒使用四條，那就是一千萬條！如果把市場擴展到國外去……」

多川博說幹就幹，立即集中人力、財力進行尿布的研究、開發，並把尼西奇變爲尿布專業公司。尼西奇的尿布上市後，大受歡迎，但多川博沒有止步，組織一批精幹的技術人員，不斷地研製新型材料，開發新品種，創立新品牌，令一個又一個「後來者」望塵莫及。

善於抓住不易察覺的商機，用長遠的目光預見市場，並果斷決策、大膽出擊，這是多川博成功的關鍵所在。

雍正權變評李衛

作為領導，在人事安排上，要學會揚長避短，善用下屬的長處，同時警示下屬揚棄惡處，這才能稱得上是盡心稱職的好領導。

李衛，江蘇銅山人，康熙五十六年以捐納入仕，先擔任兵部員外郎，兩年後，調戶部郎中。

雍正登基後將李衛外派，歷任道員、布政使、巡撫、總督。

李衛的個性極強，優點和缺點也都十分突出。他敢作敢爲，辦事一向以國事爲重，雷厲風行，所到之地都能頓見成效。但是，他生性驕縱，對上官粗率無禮，對屬下極爲刻薄，有時還接受他人的饋贈。

對這樣一個優缺點都十分明顯的人，雍正帝正是看中了他的優點而委以重任，同時對他的缺點不斷加以批評教育。

李衛曾任浙江巡撫，調任後仍干預浙江事務，爲後任程元章密參。雍正帝就此批道：「李衛之粗率狂縱，人所共知者，何必介意？朕取其操守廉潔，勇敢任事，以挽回瞻顧因循，視國政如膜外之頹風耳，除此他無足稱。」

這段話基本上反映了雍正帝對李衛的看法，也表明了重用李衛的原因。一方面讚揚他勇於任事，同時也批評他粗率狂縱，不注意小節。至於重用李衛的原因，則是要以他爲榜樣，教育那些尸位素餐、無所事事者，以改變「視國政爲膜外」的頹廢風氣。

作爲領導，在人事安排上，要學會揚長避短，善用下屬的長處，同時警示下屬揚棄惡處，這才能稱得上是盡心稱職的好領導。下屬若勤於政事，昭顯其長，無疑能收到用一人而正天下之風的效果。

迂迴自保謹防暗箭

明槍暗箭，屢進讒言，通過這種方法將同事逼走，乃至逼上絕路這一招可謂又狠又絕。同事之間涉及矛盾衝突時，往往會有一方使出這一招來。

伯嚭是春秋時吳國的太宰，職權相當於宰相。伍子胥在伯嚭厄難之時幫助過他，而且救過他的性命，但是，他爲了圖取個人的榮華富貴，竟不念伍子胥的恩情，甚至對伍子胥進行誣害，致使伍子胥被吳王夫差賜死。

吳王夫差征伐越王勾踐取得勝利後，伯嚭接受了勾踐的賄賂，在如何處理越國的問題上，與伍子胥發生了尖銳的矛盾和衝突。

夫差聽信伯嚭的意見，答應了勾踐的求和。伍子胥得到這個消息之後，立即去見夫差進行諫阻，勸夫差拒和滅越。他首先向夫差講了個夏朝少康怎樣從危難中求生存，後來發展壯大，終於滅掉政敵寒浞，使夏族中興的故事。然後又分析吳、越兩國同處三江之地，不能並存，吳不滅越，越必滅吳的形勢，接著又講了滅掉越國對吳國有利，如果吳國滅掉秦、晉等國，佔其地而不能居，得其車不能乘；滅掉越國，則其地可居，其舟可乘，因此不可失掉這個機會。

最後伍子胥又提醒夫差，越國有殺先君之仇，不滅越不足以報庭前之誓。而且勾踐是個有作爲的國君，加上有文種、范蠡輔佐，可能成爲吳國的長期之患。

夫差聽伍子胥講了這些拒和滅越的道理後，心裡也有所動，對勾踐的求降要求猶疑起來了。

伯嚭急忙發言反駁伍子胥拒和滅越的理論，進而對伍子胥提出質問：「如果因爲先王的大仇，一定不能赦越國之罪，那麼伍員對楚國的仇恨更深，爲什麼不滅掉楚國，而讓楚復國呢？」最後竟攻擊伍子胥復楚是自行忠厚，不讓越國求和是存心要使吳王居薄之名，這是忠臣不應當做的事。

夫差聽了伯嚭之言連說有理，立即答應了勾踐的投降求和要求，氣得伍子胥連聲歎息。他感到夫差允許勾踐求和，吳國必將受越之制，因此很有感慨地說：「越國十年生聚，再加十年教訓，不過二十年，吳國將成爲沼澤廢墟了！」

夫差允許勾踐投降求和以後，勾踐夫婦立即入吳爲夫差當奴僕。伍子胥對夫差說：「勾踐爲人陰險，今到了吳國，如釜中之魚，性命置於庖人之手。他所以諂詞令色，目的是求免於刑，一旦得志，就如放虎歸山，縱鯨入海，再也不能制他，不如乘此機會，把他誅殺。」

伯嚭聽到伍子胥的話，暗暗吃驚，趕緊對夫差說：「子胥只明於一時之計，不知安國之道，赦勾踐之罪，這是仁者之所爲也。」

夫差又贊同伯嚭之言，不殺勾踐。伍子胥見夫差只聽伯嚭佞言，不用其諫，毫無辦法，只得憤憤而退。

當夫差決定放勾踐回國，設宴爲他餞行時，伍子胥忿其忘敵待仇，不肯入席就座。這時，伯嚭乘機在夫差面前詆毀伍子胥，說：「大王以仁者之心，赦仁者之過，是同聲相應，同氣相求，今日之座，仁者宜留，不仁者宜去。相國剛勇之夫，他不入座，是自感羞愧！」

勾踐回國後，暗中圖吳，以雪會稽之恥。他爲了把吳國積存在倉庫裡的糧食抽空，造成吳國的糧食困難，假借越國饑荒之名，向吳國借貸糧食。夫差認爲越已臣服於吳，答應貸給糧食。這時，伍子胥又諫夫差不要把糧拿借給勾踐。他說：「越國並不是眞正發生饑荒，而是想把吳國的積糧抽空。勾踐回國之後，致力於恤民養士，志在圖吳，把糧食借給他，等於自取滅亡。」

夫差並不相信伍子胥的話，「勾踐已經稱臣於吳，哪有臣伐君的道理？」

伍子胥乃援引湯伐桀、武王伐紂都是臣伐君的例子，進一步說服夫差。

這時，伯嚭竟借題發揮，攻擊伍子胥把夫差與夏桀、商紂類比是太過分了，並對夫差說：「借糧給越，無損於吳，而且有德於越，何樂而不爲呢！」

夫差受伯嚭的慫恿支持，借給了勾踐一萬石糧食，結果上了大當。第二年，勾踐把蒸熟了的糧食如數歸還給吳國，夫差還認爲勾踐眞守信義，並把勾踐歸還的糧食作爲種籽，分給農民播種。農民播種後不生不長，造成吳國歉收，夫差還以爲是因水土不同而造成的結果呢！

伍子胥看到這位奸臣得勢，對吳國的前途已悲觀絕望，不得不考慮自己的後路。

其時，夫差正一心想圖霸中原，先後伐陳、伐蔡、伐齊，企圖北上進取中原。西元前四八四年，夫差又聯合魯國伐齊，勾踐爲了慫恿夫差北進，削弱吳國力量，特派使臣去向夫差祝賀，並表示願意發兵三千助吳伐齊。

夫差對此十分高興，伍子胥則心情沉重，又勸夫差說：「越國是吳國的心腹之患，今信人之浮辭詐僞而貪齊，即使破了齊國，也不過是塊石田，不能種植莊稼。希望君王放棄伐齊而先伐越，不然後悔莫及。」

就在這時，夫差對伍子胥沒完沒了的諫勸已感到厭煩和惱火，伯嚭即乘機爲夫差出了個主意，叫他派伍子胥出使齊國，假手於齊，殺掉伍子胥。

夫差覺得這個主意不錯，乃寫了一封責齊侯欺魯慢吳之罪的信，叫伍子胥送往齊國，藉此激怒齊侯，殺死伍子胥。伍子胥自料吳國必亡，乃乘出使齊國之使，把兒子伍封帶到齊國，託寄在朋友鮑氏家中。齊侯知伍子胥是一位忠臣，與伯嚭有矛盾，不但不殺他，而且以禮相待，把伍子胥送回吳國。

伍子胥完全沒有預料到這事對自己造成的危險。當夫差伐齊取得勝利後，伯嚭隨即抓住這件事對他進行陷害，對夫差說：「前日王欲伐齊，子胥以爲不可，王卒伐之有功。子胥恥其計謀不用，乃反怨望。且使人微伺之，他出使齊國，屬其子於齊之鮑氏。夫爲人臣，內不得志，外倚諸侯，自以爲先王之謀臣，今不見用，常耿耿於懷，願王早圖之。」

夫差聽了伯嚭的話，正合心意，說道：「微子之言，吾亦疑之。」於是乃使人賜伍子胥「屬鏤」之劍，讓他自刎。

伍子胥接劍在手，悲憤交集，仰天長歎，既痛心夫差聽信伯嚭讒言，也痛惜吳國必將覆滅，含恨自刎之前對舍人說：「我死之後，請把我一雙眼睛掛在姑蘇城的東門上，讓我總有一天看見越國軍隊從這個城門進來，滅掉吳國。」

明槍暗箭，屢進讒言，通過這種方法將同事逼走，乃至逼上絕路這一招可謂又狠又絕。同事之間涉及矛盾衝突時，往往會有一方使出這一招來，正直之士不可不防。有時可不與之針鋒相對，而是採取迂迴自保的戰術，也許可免於受害。

以少勝多的赤壁會戰

赤壁之戰，孫、劉聯軍以五萬之兵擊敗曹軍二十萬之眾，寫下以少勝多的輝煌戰例。從將帥指揮角度看，此戰抓住了「兵非益多」的三個環節。

官渡會戰後，曹操統一了北方，乘勝揮戈南下。

西元二〇八年十月，曹操率二十萬大軍，奪佔了戰略要地荊州，打算順流東下，直取江東。

面對強敵，孫權、劉備集團的主戰派正確地分析了敵我雙方的形勢，決定聯合抗曹。不久，曹操軍隊與孫、劉聯軍相遇於赤壁。由於曹軍多是北方人，又不習慣水戰，戰鬥力大減，第一次作戰便吃了敗仗。曹操只好退回長江北岸，與孫、劉軍隊隔岸對峙。

為了減少船隻顛簸搖晃，使軍士避免暈船，曹操命令工匠用鐵鍊把船連在一起，上鋪木板，以為有了「連環船」，掃平東吳便指日可待了。

吳軍得知這個情況後，先鋒黃蓋便向主帥周瑜獻策用火攻破曹。為能在寬廣的江面上接近曹軍，將帶火的箭枝射向敵船，周瑜和黃蓋又使出「苦肉計」。黃蓋故意與周瑜鬧翻，被周瑜打得皮開肉綻，然後去信向曹操稱降。曹操信以為眞，雙方約定了前來投降的時間和信號。

到了約定日期，黃蓋率領幾十艘船，扯滿風帆，直駛北岸。曹營將士見他們船上插著約定的信號，不知有詐，紛紛站在船上觀望。不料，黃蓋的船隊靠近後，突然放起了火。

黃蓋的幾十艘戰船瞬間成了「火龍」，直撲曹軍水寨。曹軍戰船因被鐵鍊鎖住，無法散開，軍士無法藏身，最後不是掉進江裡，就是被火燒死。南岸的孫、劉聯軍乘勢渡江，發動總攻，曹操兵敗，帶領殘兵敗將逃回北方。

赤壁之戰，孫、劉聯軍以五萬之兵擊敗曹軍二十萬之衆，寫下以少勝多的輝煌戰例。從將帥指揮角度看，此戰抓住了兵法中「兵非益多」的三個環節：並力、料敵與取人。

在並力方面，孫、劉聯合抗曹，齊心協力。在料敵方面，準確判斷敵情，針對曹軍士兵雖衆卻不習水性，連環船無法分散，曹操又驕傲輕敵等弱點，實施詐降和火攻。在取人方面，聯軍上下齊心協力，同仇敵愾；黃蓋以「苦肉計」騙取了曹操的信任，又施之以火攻，產生了「敵雖衆，可使無鬥」的效果。

《孫子兵法》提出「兵非益多」的概念主張兵貴在精而非多。一支訓練有素的軍隊，能以一當十，以十當百；烏合之衆，人數雖多，卻無法發揮應有的戰力。

【第5章】

覆軍殺將必以五危

孫子認為，如果統兵將領有勇無謀、貪生怕死、剛怒偏急、高傲自恃或心存婦人之仁，則必然招致全軍覆滅、將帥受戮的災難性後果，因而必須高度警惕。將帥性格和品質上的缺陷，勢必對戰爭的嚴重危害。

謝安沉著論大捷

淝水一戰，晉軍以少勝多。捷報送到謝安處，謝安正與客人下圍棋，看了捷報，毫無表情。這就是「靜以幽，正以治」的大將風度。

古代將相中，不乏大將風度之人，東晉宰相謝安就是一個典範。《世說新語．雅量》記載：謝安隱居東山之時，與當時名士孫綽、王羲之等人乘船在海上遊玩，不久卻風起浪湧。孫、王諸人驚恐萬分，高喊：「趕快把船蕩回去！」唯謝安精神抖擻，興趣正高，吟詠歌嘯自若。

船夫見謝安態度安閒，神色愉快，仍然往前划去。繼而風越刮越急，浪越翻越猛，孫綽、王羲之等一個個被駭得站起來。這時，謝安才緩慢地說：「像這樣，是不是該回去？」

大家回來後談起這件事，都很敬佩謝安，認為他器量不凡，處變不驚，能成大事，當政可安朝野。

根據《晉書》記載，後來謝安當了宰相，前秦國主苻堅率衆九十餘萬進攻東晉，連得重鎮數處，大軍來到淝水岸邊。

苻堅自負地說：「以我這樣多的人馬，將每個人的馬鞭投入長江，立刻可以堵塞住流水，晉兵怎麼能憑險抵禦？」

在這種情勢下，東晉朝野大爲震恐，建安（南京）城中，人心惶惶。唯謝安處之泰然，若無其事，推薦謝石、謝玄率領八萬晉軍去拒秦。

謝玄去他的住處請示如何迎敵，謝安回答：「已別有旨。」

這句話說完，謝玄等了半天，再不見下文。謝玄讓人再進去問，謝安仍不回答，只命謝玄和他在別墅中下棋。

謝玄的棋原比謝安高一著，這時因心中焦慮，竟與謝安相持不下，最後輸給謝安。終局後，謝安獨自遊涉，到夜間才回去。

謝安經過冷靜思索，回府後連夜發佈號令，向各將帥指示機宜。結果，東晉與前秦淝水一戰，晉軍以少勝多。捷報送到謝安處，謝安正與客人下圍棋，看了捷報，毫無表情。

客人問他：「戰況如何？」

他淡淡地回答：「兒輩遂已破賊。」

這就是「靜以幽，正以治」的大將風度。

不動聲色，才能迷惑對手

在競爭激烈的商業談判或者政界中，高明者內心衝突再劇烈也不會馬上表現出來，而是用假象掩飾，以迷惑對手，其中重要的原則就是不動聲色。

日本的DC公司總經理山本村佑與美國一家公司談一樁生意，美國方面已經知道DC公司面臨破產的威脅，便想用最低價格把DC公司的全部產品買下。DC公司如果不賣，公司的資金無法周轉，相對的，如果以最低價格賣給美方，公司就會元氣大傷，一蹶不振。

當時，山本村佑的內心非常矛盾，但他是一個不輕易流露自己內心想法的人。

當美方提出這些要求時，山本卻叫來秘書，問他去韓國的機票是否已準備好了，如果準備好了，他明天就飛往韓國，談一筆更大的生意。言下之意是對美方這樁生意興趣不大，成不成對他都無所謂。

對他這種淡漠超然的態度，美方談判代表丈二金剛摸不著頭腦，急忙打電話請示公司總裁。當時美方急需這些產品，總裁最後下決心還是以原價買下這些產品。這筆交易使DC公司得救，眾人不得不佩服山本驚人的談判藝術和掩飾自己內心深處矛盾的本領。

每個人的內心深處都會有衝突與矛盾，有的人一旦有了衝突和矛盾，就會馬上顯露出來，有的人則掩蓋得非常隱蔽。

在競爭激烈的商業談判或者政治活動中，高明者內心衝突再劇烈，也不會馬上表現出來，而是用假象掩飾，以迷惑對手。其中，重要的原則就是不動聲色，冷靜對待，即所謂「每臨大事有靜氣」。

唯有以靜制動，才會無懈可擊。

諾貝爾咬牙渡過難關

內憂外患一時全壓在諾貝爾身上，他以令人吃驚的勇氣和毅力承受著這些，始終相信，只要堅持下去，轉變的時機早晚會到來，公司就可以東山再起。

一八九一年，法國各大報刊長篇累牘地報導一起事件，輿論的焦點集中在前農業部長巴布身上。巴布當時擔任法國炸藥總公司的總經理，由於他在農業部長任期間捲入一件關係到法國國家利益的醜聞，新聞界揭露之後，全國為之震驚。

法國炸藥總公司正是瑞典炸藥大王諾貝爾的台柱企業，是諾貝爾「工業王國」裡最重要的一個環節。隨著情況不斷惡化，諾貝爾面臨創業以來最嚴峻的考驗。

首先，公司裡一大批高級職員都因捲入事件而受到法國政府審查，有很多職員還將受到法律方面的懲罰。其次，經過這件事，他發現公司的帳目混亂不堪，公司除了需要支付一大筆罰金外，還要承受內部成員帶來的財務虧損。

更爲嚴重的是，巴布在任期間，出於投機目的，購進了一大批甘油。事發之後巴布猝死，其他公司擔心法國炸藥公司的甘油可能隨時拋出，紛紛搶先將庫存的甘油拋出，使甘油價格大幅度下降。這樣一來，積壓在庫房的大量甘油成了諾貝爾的一個巨大負擔。

隨著案件調查不斷深入，法國炸藥公司逐漸陷入停滯狀態。

法國炸藥總公司是諾貝爾經過二十年苦心經營才發展起來的規模巨大的工業集團，一旦破產，隨之而來的必將是諾貝爾整個工業王國陷於崩潰。

讓自己二十餘年的心血毀於一旦，諾貝爾當然不甘心。但是，諾貝爾此時已年近六十歲，身體一直虛弱，不久前母親和哥哥相繼去世，更使他的身心遭受重創，他能不能面對如此艱鉅的挑戰？

人們的這種懷疑是有道理的。以諾貝爾當時的財力和聲望，即使公司破產，他還能安安穩穩地渡過晚年。如果他試圖挽回敗局，將投入巨大的資金，一旦失敗則意味著傾家蕩產。此時，他的身體和精神狀況都很糟，又何必放棄富裕而平靜的晚年，去冒那樣大的風險呢？

經過一段深思和精密的調查，諾貝爾做出令衆人大吃一驚的決定。他決心不低頭服輸，要在這生死存亡的時刻做最後一搏。

冒著斷送畢生事業和財產的風險，諾貝爾以堅強的精神戰勝身體的不適，開始了一生中最重要，也最艱難的拼搏。

首先，他改組公司的組織管理機構，幾乎將所有重要職員全部解雇，選拔了一批忠誠、能幹的人，使公司呈現出一派全新氣象。

接著，由於那些猶豫不決的股東們對公司的整頓不予重視，諾貝爾四處奔波，籌集了一筆巨額基金，冒著極大風險買下大部分股份，然後將那些行動不力的股東一一清洗掉。

正當諾貝爾對公司內部進行整頓的同時，法院又判決公司必須交納一筆巨額罰金。爲了改組董事會，諾貝爾已籌集鉅款購買了大部分的股份，法院的判決無異於雪上加霜。

那些被清洗掉的股東也和以前的對手們勾結在一起，對諾貝爾反戈一擊，雙方成了勢不兩立的敵人。

內憂外患一時全部壓在諾貝爾身上，他以令人吃驚的勇氣和毅力承受著這些，一步步都如履薄冰。諾貝爾咬牙頂住這些，在管理公司、挽回聲譽的同時，堅持與法院鬥爭，絕不讓步。

他始終相信，只要堅持下去，穩住自己的陣營，轉變的時機早晚會到來，時機一到，他的公司就可以東山再起了。

此後不久，法院對案件調查不斷深入，一些政府要員逐漸被揭露出來，諾貝爾的法國炸藥公司也被證明確實沒有蓄意捲入案件，除了相關人員受到處分之外，名譽得以恢復。

渡過危機後，法國炸藥公司生產和銷售開始擴大，蓬勃地發展。

日立公司巧使激將法

在企業幹部與部下關係的調整中學會善於激勵部下，集中大家的智慧，企業就有活力。使普通人做出不平凡的業績，這是許多優秀管理者的成功訣竅。

一九七四年，在石油危機衝擊下，日本企業普遍處於經濟蕭條的狀況。日立公司和其他公司一樣，在經濟上遭到巨大的損失。在這種情況下，日立公司巧妙地採用了「激將法」。

首先，他們施用「精神刺激法」，讓工人們「暫時回家待命」。這種回家待命有別於一般的失業。按公司規定，工人離廠回家待命，保證發給絕大部分工資，這樣不會影響工人的生活水準。對公司來說，這樣並不會有多大的節約，但日立公司認爲，在生產任務不足的情況下，與其讓全體工人在工廠裡拖拖拉拉，還不如讓大部分工人回家待命，這樣更有利於保持工人飽滿的勞動熱情。同時，離廠回家待命能使員工有一定的危機感，有利於刺激員工產生緊迫感。

其次，按「救災式管理法」調整管理幹部的工資。

日立公司對四千名管理幹部實行了削減工資措施，其中董事長、總經理、副總經理減薪十五％；高級幹部、理事減薪十％；參贊、參事、參事助理減薪七％，副參事減薪五％。

這是該公司創立以來最嚴厲的一次措施，加深了管理幹部的危機感。

一九七五年四月，日立公司又將新錄用的工人上班日期推遲了二十天，促使新員工從一開始就產生緊迫感，並讓其他老員工產生危機感。

由於採取了這些措施，有效地促使了員工奮發努力，使該公司的「恢復情況比其他公司快」。

在日本，許多經營管理者非常重視尊重員工。有人總結日立公司從六〇年代名列世界一百大公司的第四十六位，到一九七四年上升到第十六位的重要原因之一，就在於他們舉行會議的桌子。

日立的會議桌是圓形的，這樣參加會議的人員無論座在哪兒都可以，沒有職位高低之分。如果桌子是四角形的，那麼列席會議的人員就會有職位高低的意識，會介意自己的職位；地位低的人自然會有被壓抑的感覺，不能隨心所欲地發表意見。四角形的桌子產生的階級差別，使參加會議的人員不能融融洽洽，同心協力成一體爲公司出力。

日立公司經營管理者注意從小小的桌子著手，這種做法收到了很好的效果。

在企業幹部與部下關係的調整中學會激勵部下，集中大家的智慧，企業就有活力。使普通人做出不平凡的業績，這是許多優秀管理者的成功訣竅。「尺有所短，寸有所長」，每個人都有某些長處和優點，都有一定智慧和能力，也都有自尊自愛的需要，承認他們的長處，啓發他們的智慧，並加以獎勵，給予讚美，就會使大家不遺餘力地積極努力、奮發向上，爲企業多貢獻。

在經營管理中能使各個方面人才充分展現才能爲企業效力，是經營管理者的重要職責，也是能使企業迅速發展的重要保證。

許多經營管理者非常重視尊重和關心員工，因爲他們充分認識到，人才潛在智力的開發對企業發展，有著重要作用。人的潛在能量十分豐富，但往往受外在條件的束縛，只能部分釋放；而在正常條件下能得到正常釋放，受到適當激勵時則能超常釋放。營者應根據員工的不同需要，採取相應的激勵措施，使員工潛在能量最大限度地釋放出來。

思前慮後，慎思慎行

高瞻遠矚，防患於未然，手握大權的從政者，不能違背這個原則。有防患於未然之心，工作上小心謹慎，方能不因一時方便而致大害，最終受到譴責。

明朝孝宗皇帝非常信賴劉大夏，有天對劉大夏說：「我遇到不好處理的事，每次都想叫你來商量，但又因爲不是你部裡的事，不便叫你。今後如果你發現了有應當實行或應當取消的事情，可以寫個揭帖秘密地給我送來。」

聽了孝宗皇帝的指示，劉大夏卻說：「我不敢這樣做。」

孝宗問：「爲什麼呢？」

劉大夏說：「陛下行事，遠法前代聖主，近效本期祖宗，是非公開，使群臣都能知道。外事交付各部處理，內政向閣臣諮詢，這樣很好。如果使用揭帖，時間久了，成爲一種常規，萬一不良之輩竊居要職，也以此行事，那禍害就大了！這種方法大不可作爲後世的準則，所以我不敢答應這樣做。」

孝宗聽後深爲讚許。

劉大夏不愧是位賢臣，深刻地認識到做事不能僅看當時的情形，也許當時看來有理有利的事情，但隨著時間的推移、形勢的變化，很可能由有益變爲有害。特別是制定制度要慎之又慎，不能因一時方便而留下大漏洞。

「防患於未然」是劉大夏的出發點，當然他的目的是爲了盡臣子的責任，同時也爲個人留下退路。

高瞻遠矚，防患於未然，手握大權的從政者，不能違背這個原則。有防患於未然之心，工作上小心謹慎，方能不因一時方便而致大害，最終受到譴責。同時，這種做法也必能得到領導的加倍賞識。

豫讓行刺趙襄子

趙襄子十分讚賞他的義氣，便讓使者拿衣服遞給豫讓，豫讓拔劍跳起來砍了幾下，說道：「我可以報答智伯於地下了！」然後用劍自殺。

豫讓是晉國人，原先曾經服侍過范氏和中行氏，沒有什麼聲名。後來，他投效智伯，智伯很尊重、信賴他。不久，智伯攻伐趙襄子，趙襄子與韓康子、魏桓子合謀消滅了智伯，瓜分了他的土地。趙襄子痛恨智伯，還把他的頭骨塗上油漆，作爲飲酒的大酒盅。

豫讓逃到山中，自歎道：「唉！英雄應該爲瞭解自己的人獻出生命，美女應該爲愛慕自己的人修飾容貌。智伯是我的知己，我一定要爲他報仇，那麼我就算死了也了無遺恨。」

於是，豫讓改姓變名，裝成被判罪刑服苦役的人，潛入趙襄子的宮中修整廁所，衣內暗藏著匕首，準備刺殺趙襄子。

某天，趙襄子上廁所時，突然心中一驚，便拘問粉刷廁所牆壁的人，才知道他是智伯的家臣豫讓，搜索衣內，發現他夾帶著兇器。

豫讓恨恨說：「我要爲智伯報仇！」

隨從要殺掉豫讓，趙襄子說道：「他是深明大義的人，我注意迴避就是了。況且智伯身死，沒有後代，他的家臣要爲他報仇，這是天下的賢人呢！」下令把豫讓釋放了。

過了不久，豫讓又全身塗漆，使皮膚長滿癩瘡，呑炭使嗓子變得沙啞，弄得面目全非，在街上討飯。他妻子不認識他，一個朋友遇見了，倒還認得出，因而問道：「你不是豫讓嗎？」

豫讓回答道：「我是啊。」

朋友因他的行動感動得流淚，說道：「以您的才能，委身去侍奉趙襄子，趙襄子一定接近、寵信您。那時，您要幹您想幹的事，不是更容易嗎？何苦摧殘自己的身體，醜化自己的形象，用這樣的辦法來達到報復的目的呢？」

豫讓說：「既委身服侍別人，又想殺他，這是懷著二心服侍君主啊。我知道我這樣做是最艱難的，之所以這樣做，是爲了使天下後世懷著二心去服侍君主的人感到羞愧。」

豫讓說完就走了。沒多久，得知趙襄子要外出，豫讓便潛伏在他將要經過的橋下。趙襄子來到橋下，馬忽然受驚嘶鳴，趙襄子說：「一定是豫讓躲在這裡。」派人搜查，果然是豫讓。

趙襄子責問豫讓道：「你過去不也服侍過范氏、中行氏嗎？智伯都把他們消滅了，你不爲他們報仇，反而委身做智伯的臣子。現在智伯也死了，你爲什麼要這樣執著地爲他報仇呢？」

豫讓說：「我服侍范氏、中行氏，他們只把我當一般人看待，所以我只像一般人那樣報答他們。至於智伯，他把我當成國士看待，所以我也要像傑出的人物那樣來報答他。」

趙襄子感慨歎息說：「唉呀，豫先生！你要為智伯報仇，天下皆知，也算成名了，而我寬赦你一次也足夠了。我不再釋放您了！」於是命令士兵圍住他。

豫讓說：「我聽說賢明的君主不埋沒別人的美名，而忠臣自有為名節而死的義務。前次君王寬恕了我，天下沒有人不稱道君王賢明，今天的態勢，我應當伏法受誅，但我希望得到您的衣服砍它幾下，這樣才算了卻我報仇的心願，死無遺恨。這當然不是我敢指望的，只是冒昧地披露我的衷心。」

趙襄子十分讚賞他的義氣，便讓使者拿衣服遞給豫讓。豫讓拔劍跳起來砍了幾下，說道：「我可以報答智伯於地下了！」然後飲劍自殺。

豫讓死的那天，趙國的有志之士聽到這消息，都不禁為他哭泣。

張儀瓦解齊楚聯盟

楚懷王因小失大，既沒得到土地，又失去了盟友！張儀憑藉三寸不爛之舌騙取楚王的信任，使得楚國斷了與齊國的盟國關係，達到了秦國的目的。

西元前三一四年，燕國內亂，齊宣王趁機發兵攻打，殺了燕王，差點滅了燕國。齊國聲勢大振，不久又和楚懷王結成同盟。

秦惠文王本來想去攻打齊國，齊、楚一結盟，秦國的計劃落了空。張儀要實行連橫策略，非把齊、楚聯盟拆散不可，於是向秦王奏明自己的意圖，隨即前去楚國進行分化。

張儀到了楚國後，先用重金賄賂楚懷王手下最受寵幸的權臣靳尚，然後再去拜見楚懷王。

楚懷王問他：「先生光臨，有何指教？」

張儀說：「秦王派我來跟貴國交好。」

楚懷王說：「誰不願意交好呢？可是，秦王總是愛向人家要土地，不給他就打，誰還敢與他交好？」

張儀說：「如今天下只剩下了七國，其中最強大的，要算齊、楚、秦三國。要是秦國跟齊國聯合，那麼齊國就比楚國強；要是秦國跟楚國聯合，那麼楚國就比齊國強。如今秦王打算跟貴國交好，可借大王跟齊國通好。要是大王能夠下定決心，跟齊國絕交，秦王不只願意跟貴國永遠和好，還願把商於一帶六百里的土地送給貴國。這麼一來，楚國可就得到三樣好處：第一，增加了六百里的土地；第二，削弱了齊國的勢力；第三，得到了秦國的信任。一舉三得，爲什麼不這麼幹呢？」

楚懷王是個昏庸之輩，經張儀這麼一說，不禁動了心，非常高興地說：「秦國要是願意這麼辦，我何必一定要拉著齊國不撒手呢？」

楚國的大臣們一聽說能夠得到六百里的土地，都眉飛色舞地爲楚懷王慶賀。

忽然，有個人站起來說：「這麼下去，你們哭都來不及，還慶賀呢？」

楚懷王一看，原來是陳軫，就問他：「為什麼？」

陳軫說：「秦國為什麼要把六百里的土地送給大王？還不是因為大王和齊國定了聯盟！楚國和齊國結盟，勢力大增，秦國才不敢來欺負。要是大王跟齊國斷了來往，就跟砍了一隻胳膊一樣，到時候，秦國不來欺負楚國才怪！大王要是聽了張儀的話和齊國斷交，萬一秦國爽約，不交出土地，請問大王有什麼辦法？萬一齊國憤恨之餘，跟秦國聯合起來，一齊來打楚國，不就是楚國亡國的日子到了嗎？大王不如打發人先去接受商於之地，等到六百里的土地接收過來以後，再去跟齊國絕交也來得及呀。」

三閭大夫屈原說：「張儀是個反覆無常的小人，千萬別上他的當。」受了張儀重金賄賂的靳尚堅持說：「要不跟齊國絕交，秦國哪能白白地給咱們土地呢？」

楚懷王糊裡糊塗地點頭稱是：「那當然！咱們先去接收商於之地吧。」

楚懷王為了得六百里地顯得非常高興，一邊派人去跟齊國絕交，一邊打發逢侯醜跟著張儀去接收商於。

張儀和逢侯醜沿道上喝酒談心，到了咸陽城外，張儀好像喝醉了，從車上摔下來，手下慌忙把他攙起來。張儀起身後說：「唉唷，我的腿摔壞了。」隨即由手下送進了城，將逢侯醜安排住在客館裡。

不久之後，逢侯醜前去拜見張儀，手下卻說：「醫生說相國必須閉門養病，不能會客。」

這麼一天一天地耗下去，足足過了三個月。逢侯醜著急了，寫了一封信給秦惠文王，說明張儀答應交割土地的事情。

秦惠文王回答說：「相國答應的話，我一定照辦。可是，楚國還沒跟齊國完全絕交，我哪能聽信一面之詞呢？且等相國病好了再說吧。」

逢侯醜只好把秦惠文王的話報告楚懷王。

於是，楚懷王傻乎乎地派人去齊國大罵齊宣王，宣示與齊國絕交。齊宣王非常氣憤，派使臣去見秦惠文王，相約一塊去攻打楚國。

張儀聽說齊國派使臣前來，立即上朝，沒想到在朝門外碰見了逢侯醜。

張儀問他：「將軍怎麼還在這兒？難道那塊土地你還沒接收嗎？」

逢侯醜說：「秦王要等相國病好了再說，如今咱們就一塊去說吧。」

張儀說：「幹嘛要跟秦王說？我把自己的土地獻給楚王，何必去問他呢？」

逢侯醜說：「是您的土地嗎？」

張儀說：「可不是嗎？我情願送給楚王我自己的六里土地。」

逢侯醜一聽，急得出了一身冷汗，「怎麼會是六里土地？我是來接受商於那兒的六百里的土地呀！」

張儀搖頭晃腦地說：「秦國的每一寸土地，都是將士們用鮮血換來的，哪能隨便送人呢？別說六百里，就是六十里也不行啊！我說的是六里，不是六百里；是我的土地，不是秦國的土地。楚王大概聽錯了吧？」

逢侯醜這才知道，張儀確實是個道道地地的大騙子。楚懷王因小失大，既沒得到土地，又失去了盟友，真是欲哭無淚！

張儀憑藉三寸不爛之舌騙取楚懷王的信任，使得楚國斷了與齊國的盟國關係，達到了秦國分化兩國的目的。

范雎的遠交近攻策略

秦昭王封范雎為客卿，派兵先後攻克了魏國的一些地方。遠交近攻的策略是連橫戰略的深化，為秦國吞併諸侯、一統天下，制定了切實可行的戰略方針。

范雎是魏國人，化名張祿入秦後，提出遠交近攻的策略，對秦兼併列國統一天下貢獻很大，是戰國時期著名的連橫派縱橫家。

不過，剛到秦國之時，秦昭王並不重視，待范雎如下客，也無意接見，范雎只能耐心地等待時機。

西元前二七〇年，秦國以穰侯魏冉爲將，攻伐齊國。范雎得不到秦昭王接見，就寫了一封長信給秦昭王。

信中說：「臣聞明主蒞政，有功者不得不賞，有能者不得不官，勞大者其祿厚，功多者其爵尊，能治眾者其官大。故無能者不敢當其職，能者亦不得隱其力。若認爲臣之言正確，則應行而益利其道，如若不行，則久留臣也無用。語曰：『人主賞所愛而罰所惡。明君則不然，賞必加於有功，刑必斷於有罪。』臣出身卑賤，生死固不足論，但豈敢以沒有把握之事讓大王嘗試……」

范睢信中大多講道理、引故事，卻少談及時政。這是因爲穰侯專權，宮中有許多穰侯等王室親貴的耳目，范睢恐怕於己不利，信中只隱晦批評秦國內政，勸秦昭王賞罰分明，識辨賢才。秦昭王看信後大悅，召范睢覲見。

秦昭王準備在離宮接見范睢，范睢入宮後不久，宦官傳令說：「大王來了！」范睢假裝糊塗，說道：「秦國哪有大王？秦國只有太后、穰侯而已。」

秦昭王聞言，連忙賠禮說：「寡人早就應該自己做主了，以前因義渠國之事緊急，因而旦暮請示太后，現在事情已經了結，寡人才得以安心執政。請原諒我昏然不敏，請讓我敬執賓主之禮。」

秦昭王禮賢下士，范睢辭讓不已。范睢張口便說出了秦國群臣不敢說的話，批評的矛頭直指當權的宣太后及其弟穰侯。當日目睹秦王接見范睢的群臣，莫不變色，對范睢肅然起敬。

秦昭王摒退左右，說道：「先生何以幸教寡人？」

范睢說：「臣不敢。臣聞從前呂尙之遇文王，身爲漁父，釣於渭水之濱。當此之時，交往尙疏。交談之後，文王立呂尙爲太師，車載同歸，此時才推心置腹，言談至深。因而文王以收呂尙之功而終於獲天下，今臣乃外客，與大王交情疏淺，而所要講的都是匡君扶國的大事，處於王室骨肉親戚之間，雖願效愚忠，但未知大王之心。臣明知今日言之於前，明日就可能杖誅於後，然而臣雖死不敢有所隱避。大王聽信臣之言，臣死不足爲患，亡不足爲憂，漆身生癩、被發爲狂不足爲恥。況且以五帝之聖而死，三王之仁而死，五伯之賢而死烏獲、任鄙之力而死，成刑、孟賁、王慶忌、夏育之勇而死，看來死是人在所難免的。處此必然之勢，可以稍稍有補於秦國，這就遂了臣之大願，臣即使死，又有何患呢！」

接著，范睢又以伍子胥興吳國、箕子和接輿放浪隱居卻無益於王政等故事爲例，說明賢王用人之道，並指出秦昭王上畏太后之嚴，下惑奸臣之態，爲政不明，若已死而可使秦治，勝於白活一世。

秦王認爲自己受益匪淺，一面安慰范睢，一面再拜致謝。

范睢說：「大國之國北有甘泉、谷口，南帶涇、渭，右隴、蜀，左關、阪；戰車千乘，精兵百萬。以秦卒之勇，車騎之多，若攻諸侯，如同以韓名追病足之兔，易如反掌，可成霸王之功，今反而閉關不敢窺視崤山以東，是穰侯爲國家謀劃不夠盡忠，大王也有失誤所致。」

昭王說：「願聞失誤之處。」

范睢發現宮中多竊聽者，不敢先言內政，便先論外事，觀察秦昭王的態度，說道：「穰侯越韓、魏而擊齊，並非上策。發兵少則不足以傷齊，出兵多則對秦本土防守不利。臣揣測大王的想法，是想自己少發兵而讓韓、魏盡發兵員，這不合適。對盟國不親善又要越過人家的國家去打仗，可行嗎？太疏於計謀了！往昔，齊人伐楚，破軍殺將，大獲全勝，拓地千里，可尺寸之地不歸己有，難道說齊國不想擴大疆土嗎？而是地形上隔著別國，無法擁有。諸侯見齊兵疲憊，君臣不親，舉兵伐齊，主死國破，爲天下恥笑。之所以會如此，是因爲齊國伐楚而壯大了韓、魏，這就是所謂的助賊兵、資盜食，最終害己。大王不如遠交而近攻，得寸則王有寸地，得尺則王有尺地。今捨近攻遠，不亦謬乎！今韓、魏處於中國，乃天下的中樞。大王若想稱霸。就必須親近中國，掌握天下的樞紐，威加楚、趙。」

秦昭王說：「寡人欲親近魏國，但魏國多變，不可親近，請問該怎麼做？」范睢建議說：「卑辭厚幣以事之，不行的話，就削地賄賂之，再不行，就舉兵而伐之。」

於是，秦昭王封范睢爲客卿，謀兵事，派兵先後攻克了魏國的一些地方。魏國果然派人來請和，此後范睢又說服秦昭王用同樣的手段收取韓國。

遠交近攻的策略是連橫戰略的深化，爲秦國吞併諸侯、一統天下，制定了切實可行的戰略方針。

Thick Black Theory is a philosophical treatise written by Li Zongwu, a disgruntled politician and scholar born at the end of Qing dynasty. It was published in China in 1911, the year of the Xinhai revolution, when the Qing dynasty was overthrown.

The Art of War

孫子兵法

活用兵法智慧，才能為自己創造更多機會

完全使用手冊

The Art of War

Thick Black Theory is a philosophical treatise written by Li Zongwu, a disgruntled politician and scholar born at the end of Qing dynasty. It was published in China in 1911, the year of the Xinhai revolution, when the Qing dynasty was overthrown.

其徐如林

《孫子兵法》強調：

「古之所謂善戰者，勝於易勝者也；故善戰者之勝也，無智名，無勇功。」

確實如此，善於作戰的人，總是能夠運用計謀，抓住敵人的弱點發動攻勢，用不著大費周章就可輕而易舉取勝。活在競爭激烈的現實社會，唯有靈活運用智慧，才能為自己創造更多機會，想在各種戰場上克敵制勝，《孫子兵法》絕對是你必須熟讀的人生智慧寶典。

聰明人必須根據不同的情勢，採取相應的對戰謀略，不管伸縮、進退，都應該進行客觀的評估，如此才能獲得勝利，千萬不要錯估形勢，讓自己一敗塗地。

Thick Black Theory is a philosophical treatise written by Li Zongwu, a disgruntled politician and scholar born at the end of Qing dynasty. It was published in China in 1911, the year of the Xinhai revolution, when the Qing dynasty was overthrown.

左逢源 編著

普 天 之 下 • 盡 是 好 書

普天 出版家族 Popular Press Family

http://www.popu.com.tw/

孫子兵法完全使用手冊：侵掠如火

作　　者　左逢源
社　　長　陳維都
藝術總監　黃聖文
編輯總監　王　凌
出 版 者　普天出版社
　　　　　新北市汐止區康寧街 169 巷 25 號 6 樓
　　　　　TEL / (02) 26921935 (代表號)
　　　　　FAX / (02) 26959332
　　　　　E-mail：popular.press@msa.hinet.net
　　　　　http://www.popu.com.tw/
　　　　　郵政劃撥 19091443 陳維都帳戶
總 經 銷　旭昇圖書有限公司
　　　　　新北市中和區中山路二段 352 號 2F
　　　　　TEL / (02) 22451480 (代表號)
　　　　　FAX / (02) 22451479
　　　　　E-mail：s1686688@ms31.hinet.net
法律顧問　西華律師事務所・黃憲男律師
電腦排版　巨新電腦排版有限公司
印製裝訂　久裕印刷事業有限公司
出 版 日　2019 (民 108) 年 10 月第 1 版
ISBN◉978-986-389-671-5　　　條碼 9789863896715

國家圖書館出版品預行編目資料

孫子兵法完全使用手冊：侵掠如火／
左逢源著.—第 1 版.—：新北市,普天
民 108.10 面； 公分. - (智謀經典；13)
ISBN◉978-986-389-671-5 (平裝)

權謀經典

13